VEX机器人V5实战入门

基于 Blocks 数学算法模块编程

■ 李哲 朱兵 张柏青 ｜ 主编

赵长露 李怡 王天威 ｜ 副主编

程晨 ｜ 审

人民邮电出版社

北京

图书在版编目（CIP）数据

VEX机器人V5实战入门：全彩：基于Blocks数学算法模块编程 / 李哲，朱兵，张柏青主编. -- 北京：人民邮电出版社，2023.7
ISBN 978-7-115-60984-7

Ⅰ．①V… Ⅱ．①李… ②朱… ③张… Ⅲ．①机器人—程序设计 Ⅳ．①TP242

中国国家版本馆CIP数据核字(2023)第001463号

内 容 提 要

本书以 VEX 机器人初学者的角度进行讲解，首先介绍了 VEX 机器人，进而解析 Blocks 数学算法模块编程知识，再逐层深入讲述机器人设计、程序、竞赛等应用。丰富有趣的实战案例从基于问题的设计任务出发，以项目式的设计制作为总结，使读者更直观、更具体地感受 VEX 机器人的魅力和乐趣，并能够让读者发挥想象力，设计、搭建自己的机器人，通过编程控制机器人实现各种功能。同时，书中还全面解析了 VEX 竞赛流程，并附 Change Up 和 Tipping Point 搭建步骤。本书语言通俗易懂，内容深入浅出，集学术性与趣味性、专业性与实用性于一体，适合 VEX 机器人的初学者，以及参加 VEX 机器人竞赛的老师和学生阅读。

◆ 主　　编　李　哲　朱　兵　张柏青
　　副主编　赵长露　李　怡　王天威
　　审　　　程　晨
　　责任编辑　周　璇
　　责任印制　陈　犇

◆ 人民邮电出版社出版发行　　北京市丰台区成寿寺路 11 号
　　邮编　100164　　电子邮件　315@ptpress.com.cn
　　网址　https://www.ptpress.com.cn
　　雅迪云印（天津）科技有限公司印刷

◆ 开本：787×1092　1/16
　　印张：12　　　　　　　　　　2023 年 7 月第 1 版
　　字数：324 千字　　　　　　　2023 年 7 月天津第 1 次印刷

定价：99.80 元
读者服务热线：(010)81055493　印装质量热线：(010)81055316
反盗版热线：(010)81055315
广告经营许可证：京东市监广登字 20170147 号

编委会

"机器人创新教育" 从这里启航

随着机器人创新教育、创课研究的不断深入，学生不再是被动的知识接受者。面对学生创新需求的转变，老师应该怎样应对？应当如何规划未来的专业发展方向？这些问题都需要我们在未来的工作中依靠不断实践去解答。

为了鼓励更多的学生参与"VEX创新教育"学习，本书编者针对在校学生学习的兴趣、老师教学中的难点及生活中的实际问题进行撰写。本书从初学者的角度进行思考，首先介绍了VEX机器人，然后讲解Blocks数学算法模块编程知识，逐层深入到机器人设计、程序、竞赛等应用。实战案例式的讲解模式，从基于问题的设计任务出发，以项目式的设计制作为总结，是本书的编写亮点。

本书努力尝试"浅入浅出"的写作模式，以Step by Step的写作方式，记录编者在研究过程中的每一条心得。希望广大VEX机器人爱好者能够通过本书，找到一条创新之路。

K–12阶段的"机器人创新教育"，是以培养学生的创新意识、创新思维、创新能力和创新人格为基础的教育，是以发掘学生创新潜能、弘扬学生主体精神、促进学生全面发展为宗旨的教育。其核心目标是培养具备创新素质的人才。

K–12阶段的"机器人创新教育"，对于学生个体而言，主要是保持和启迪学生的好奇心与创新意识，培养学生综合运用知识解决实际问题的能力和探究精神。其主旨是使学生作为学习的主体，通过学习发现和了解有意义的新事物和新知识，掌握其中蕴含的基本规律和特征，为成为创新人才做好准备。简言之，K–12阶段的创新教育是旨在培养创新型人才的教育。

创新意识、创新思维、创新能力与创新人格是未来社会每一个学习者都应该具备的基本素养，"机器人创新教育"的发展还有很长的路要走，还需要更多拥有教育情怀的老师不断加入。祝愿所有的读者都能够不断提升自身的实践创新能力，成为新时代"机器人创新教育"的实践者。

——朱兵

北京市丰台区少年宫科体部部长

序 二

机器人教育到底可以为学生带来哪些影响，这是我们需要探讨的问题。

中小学生机器人教育不是一种专业化的精英教育，而是普及化教育，让学生了解机器人（科学技术）的应用，并通过机器人教育这一平台，积极去创新、创造。在机器人教育中，我们重视对学生进行机械结构与程序设计方面的培养，通过结构设计与搭建，让学生掌握一些机械基础知识，培养学生分析问题、解决问题以及动手操作的能力。在程序设计中，我们让学生掌握一种编程语言，让他们体验科技带来的成果。同时，我们可以根据教学的目标和发展要求提供更高级的课程，为学生提供一个发展的空间。

VEX在基于Scratch开发图形化编程方面有了重大突破，VEX也是VEXcode编程平台首次针对VEX EDR用户推出积木式编程语言。全体编者根据多年机器人教学和比赛的经验撰写了本书，旨在帮助学生将VEX机器人与图形化编程结合。本书采用VEXcode V5软件，这是专为中小学生开发的一种简易的图形化编程软件，学生通过搭积木一样的方式，利用"控制""动作""函数""外观""声音"等模块中的积木，设计出包含算法或者人机交互的程序，并用它创造属于自己的机器人及其运动行为。本书包含大量的机器人编程实例和合纵连横、一触即发两个赛季的搭建图纸，特别适合VEX机器人初学者学习，也可以作为老师与学生准备机器人比赛的参考用书以及学校开展机器人教学的资料。

由于编者水平有限，书中难免存在疏漏，恳请广大读者批评指正！

——王天威
北京市丰台区少年宫VEX机器人教师

目　录

第1章

■ ■ ■

VEX机器人介绍

如果你参加过机器人比赛，那么我想你一定听过说VEX这个名字。2016年VEX机器人世界锦标赛被吉尼斯世界纪录认证为世界上规模最大的机器人比赛，2018年4月在美国路易维尔，凭借50多个国家和地区的1648支队伍，VEX机器人世界锦标赛在机器人比赛规模上再次刷新了吉尼斯世界纪录。而在2021年5月落下帷幕的线上VEX机器人世锦赛又被吉尼斯世界纪录认证为全世界参与人数最多的线上机器人赛事。

VEX机器人世界锦标赛（后文中简称为VEX机器人大赛）是一项以激发青少年对机器人技术的兴趣而创办的科技教育活动，于2003年在美国创办。目的是培养中小学生和大学生对科学、技术、工程和数学的兴趣，培养团队的合作精神、提高团队解决问题的能力。VEX机器人大赛是美国国家航空航天局、美国易安信公司、雪佛龙公司、德州仪器公司等机构与公司大力支持的机器人项目，吸引了全球40多个国家和地区的上百万青少年参与。大赛针对不同年龄组别分别设有VEX IQ、VRC及VEX U等不同等级的竞赛项目。

VEX机器人大赛每一年的赛事规则与场地布局都有很大不同，参赛的代表队要根据当年发布的规则，基于基础的VEX套件自行设计、制作机器人并编写程序。比赛机器人分为手动（以遥控器控制）和自动（程序自动控制）两种，机器人突出机械结构、传动系统的功能设计特点，是创意设计和对抗性比赛的优秀结合。另外该赛事还将项目管理和团队合作纳入考察范围，不仅重视比赛结果，更重视体验过程，为参与者提供更真实的工程体验。

VEX机器人大赛使用的机器人由VEX机器人平台提供，这是由美国创首国际（IFI）开发设计的一个机器人教学平台，是唯一一入选《机器人商业评论》2016年"RBRSO名单"的教育机器人品牌。VEX机器人平台给教师和学生提供了适于课堂和赛场使用，同时性能卓越的可编程机器人系统。下面就让我们来了解一下VEX机器人吧。

1.1 自律型机器人

VEX机器人是一种自律型机器人，简单定义就是"一种以智能方式将感知和动作连接在一起的自移动机械装置"。自律型机器人的定义中将"智能"作为机器人的一个主要特征，不过并不是说自律型机器人需要具备一定的独立思考、判断、决策能力，实际上这里的"智能"仅仅是指将传感器信息处理成具有最低层次复杂度的执行器输出。一个自律型机器人一般包含以下3个要素。

1. 感知

为了能够在未知的复杂环境中有效地工作，机器人必须能够实现对环境的感知，从技术的角度来说就是能够实时收集相应的环境信息。这就需要用到各式各样的传感器。传感器是一种能将物理信号转化为电信号的器件，一旦这种电信号发生变化，机器人就能够知道外部环境发生了改变。

在机器人的世界里，绝大多数的传感器不停地获取外部环境状态，同时等待核心控制部分来读取对应的结果数据。机器人在工作过程当中每秒读取对应的数据的次数可能高达数百次或数千次，这些数据可以使机器人明确自己所处的环境状况。

在使用传感器的过程中，我们首先要搞清楚传感器给我们的信息是什么，这些信息是否能作为判断环境状况的依据。比如我们使用红外避障传感器，那么传感器给我们的信息并不是前方有或没有障碍物遮挡，而是它发射红外光和接收反射回的红外光的间隔时间（具体传感器工作原理在之后的内容中会有详细介绍）。了解这一点后，我们就必须考虑是否还有别的因素会影响传感器传回的信息、是否还需要添加其他辅助传感器等问题。明白传感器传回的信息的含义，以及传感器有哪些缺陷，对于制作一个适应能力更强的自律型移动机器人有很大的帮助。

2. 动作与执行机构

当机器人感知到环境的状态，决定自己应该做什么后，就会发送或改变输出的电信号，控制相应的机构动作，以便能够完成任务。这个过程与传感器工作的过程相反，是将电信号转换为相应的物理量。不但可以将电信号转换成声、光、影，还可以将其转换成动能、势能、磁能。在自律型机器人的制作中常需要将电信号转换成电机的动能。

机器人表现出的动作与外围的结构件也有着非常紧密的联系，这些结构件通常体现为杠杆、凸轮、皮带、齿轮等形式。不同的结构件所表现出的动作有很大的差异，比如同样是电机转动，配合凸轮就能表现为水平或垂直方向的移动，配合齿轮就能表现为加速或减速的圆周运动。

这些结构件的设计要简单、结实、动作顺畅。一般来说，结构件的设计需要较为丰富的结构设计经验，一个成熟的机器人产品的结构件都是经过了反复修改，并进行了大量的实验验证的。

3. 智能

这里的"智能"依然是指将传感器信息处理成具有最低层次复杂度的执行器输出。机器人不同于计算机。现在人们在计算机的抽象定义上已经达成了共识，尽管各种计算机的处理速度和存储能力不一样，但从基本原理上来说，各种计算机基本上是相同的。理论上来说，同一个程序，如果在昂贵的高级计算机上能解决某一个问题，那么它在一个8位的微处理器上也应该能够解决同样一个问题，而区别只是表现在时间长短上。然而对于机器人来说，几乎每种机器人都是不一样的，不同的机器人具有不同的感知能力和执行能力。

机器人的设计、机器人的程序以及机器人的工作环境三者结合在一起决定了机器人的"智能"。如果忽略了使用的传感器和机器人运动中可能存在的问题，那么这个机器人的制作注定是要失败的。正是这些问题以及机器人工作环境的未知性和多变性，才促成了自律型机器人的研究，使制作自律型机器人变成一件既有趣又困难的事情。

自律型机器人处于动态的环境中，看似坚硬、平滑的地面其实是不平坦的，地面的材质会影响机器人的移动速度，机器人的动作可能永远也无法执行到位。它必须不断地检测目前的环境变化，分析自己的状况，一旦环境改变就立即作出反应。机器人的智能必须基于尽可能全面、精确的传感器信号、合理灵活的结构设计、对环境因素的充分考虑以及逻辑性强的程序。

1.2 常用传感器

在上一节介绍完自律型机器人一般包含的3个要素之后，本节我们就来认识一下VEX机器人设计中的常用传感器。虽然V5系统中使用了大量智能设备，但输出数字信号或模拟信号的传感器依然是最常用的传感器。

1. 光电编码器

VEX机器人的光电编码器如图1.1所示。它的内部主要由光栅盘和光电检测装置构成，如图1.2所示，光栅盘是四周有等间距矩形开孔的圆形转盘，光电检测装置安装在光栅盘矩形开孔处，该装置的主要部分是红外线对射管。

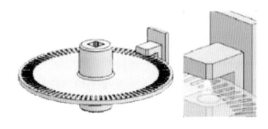

图1.1 光电编码器　　　　　　　　图1.2 光电编码器内部的光栅盘和光电检测装置

光电编码器的工作原理如下：红外线对射管包含一个红外线发射管和一个红外线接收管，正常情况下红外线发射管发出的红外线会被红外线接收管接收到，红外线对射管会输出一个高电平的电信号；而当红外线发射管和红外线接收管之间被遮挡时，红外线接收管就接收不到对应的红外线了，此时红外线对射管会输出一个低电平的电信号。另外光栅盘中间有四方轴孔，轴的旋转会带动光栅盘旋转。当光栅盘旋转时，红外线接收管就会在能接收到红外线和接收不到红外线两个状态之间切换，对应地，整个红外线对射管就会在输出高电平和低电平两个状态之间切换，主控器就是根据这些信号来计算旋转经过的矩形开孔的数量，从而可以计算出光栅盘旋转过的角度。进一步地，还可以利用短时间内的角度差计算出轴的旋转速度。

将光电编码器安装到待测量轴上的效果如图1.3所示。

2．超声波传感器

VEX机器人的超声波传感器如图1.4所示。超声波传感器的设计基于声呐原理。它通过发射一连串调制后的超声波并监测其回波的时间差来计算传感器与目标物体间的距离。超声波元件由压电陶瓷构成，压电陶瓷被施加力时产生电压，在电压的作用下会产生变形，具有和压电蜂鸣器同样的特征。

图1.3　将光电编码器安装到待测量轴上

图1.4　超声波传感器

声波的速度在标准大气压和15℃的压强温度条件下约为340m/s，传感器通过发送声波并测量回波的时间t，就可以计算出发射点与障碍物的距离s，公式为$s = 340t/2$。注意，超声波只是表示波的频率较高，但波的速度和普通声波的速度一样。由于超声波传感器利用了声波的反射，因此安装超声波传感器时，需要尽量让传感器正对障碍物。

3．限位开关和触碰开关

限位开关和触碰开关都是开关类型的传感器，其内部都是一个弹片控制电路，这种电路的通断状态可以被主控器检测到。两个传感器在应用场景上有一些区别，限位开关主要用于判断机器人的部件是否移动到了极限位置，常用于判断机器人的抬升机构是否到达了最低点或最高点；而触碰开关主要用于判断机器人是否碰到了障碍物。限位开关和旧版、新版触碰开关分别如图1.5 ～图1.7所示。

图1.5　限位开关

图1.6　旧版的触碰开关

图1.7　新版的触碰开关

由于限位开关和触碰开关的触发需要接触并按压传感器，因此安装时需要注意能否触碰到传感器。同时还要注意不要过度按压，以免损坏传感器。

4. 角度传感器

VEX机器人的角度传感器（如图1.8所示）能够测量轴的角度，其内部实际上是一个旋转式的变阻器，通过旋转传感器中间的孔，可以改变接入电路中电阻的阻值，从而使传感器电路输出对应的电压，主控器通过读取传感器电路的电压来判断孔的角度。

与光电编码器不同，角度传感器输出的电压是一个绝对量，即某一个角度会对应一个电压值，这个值由孔的角度决定。由于传感器内的变阻器旋转存在两个极限位置，因此角度传感器中间的孔是不能无限旋转的，因此需要注意保持机器人旋转轴的旋转角度在角度传感器的允许范围内，以免损坏传感器。

5. 红外巡线传感器

红外线在不同颜色的物体表面，其反射强度是不同的（其实任何颜色的光线都有这个特性），通常颜色越浅，反射强度越强；颜色越深，反射强度越弱。红外巡线传感器内部有一个红外线发射管和一个红外线接收管，注意这里和光电编码器中不同，发射管和接收管并不是相对的，而是在同一侧。在使用红外巡线传感器时，通常使用红外巡线传感器来判断传感器扫描到的是黑线还是白色地面（黑线和白色地面都是有一定宽度的）。对于白色地面来说，更容易反射红外线，这样红外线发射管发射的红外线就能够被传感器里的红外线接收管接收到；而对于黑线来说，大部分红外线都无法反射，这样红外线接收管就无法完全收到红外线发射管发射的红外线。当把红外巡线传感器（如图1.9所示）连接到主控器时，主控器会根据传感器输出的电压值来判断物体表面的红外线反射程度。

图1.8 角度传感器

图1.9 红外巡线传感器

使用红外巡线传感器时要注意，阳光中也有红外线，这可能会对红外巡线传感器造成一定的影响，同时由于红外巡线传感器发射的红外线强度是有限的，因此，在安装传感器时需要使传感器尽量接近物体表面，距离一般在5mm左右。

6. 光线传感器

VEX机器人的光线传感器（如图1.10所示）能够检测环境光线的强度，因此也称亮度传感器，传感器内部的感光元件可根据光信号强度输出对应的电压信号，主控器可根据这个电压信号来计算出光线的亮度。大部分手机中都有光线传感器，这样手机就可以根据外界光线的亮度自动调节屏幕的亮度了。

7. 陀螺仪

VEX陀螺仪的作用是测量轴向上旋转的角速度，其外观如图1.11所示。

图1.10　光线传感器　　　　　　　　　　　　　　图1.11　陀螺仪

当陀螺仪旋转时，其信号线上的电压与传感器的旋转速度成正比，主控器根据这个电压值就能够计算出陀螺仪的旋转速度。如果在一定的时间间隔里，不断地将时间间隔与旋转速度相乘，并进行累加，就能推导出陀螺仪旋转的角度。VEX陀螺仪只能测量平面的角速度，因此，通常在安装陀螺仪时，要将陀螺仪水平安装在水平面上，这样当部件旋转时，就能通过传感器的反馈测量出旋转的角速度了。另外，陀螺仪正面朝上和反面朝上会造成旋转时陀螺仪数值正负的不同，但是绝对值不受影响。

使用陀螺仪时要注意，机器人刚开机时，程序会对陀螺仪进行初始化，此时机器人需要保持绝对静止，这需要我们在主控器与遥控器连接完毕后等待几秒，否则之后即使机器人静止不动，陀螺仪的数值也会一直增大或者一直减小。

8. 惯性传感器

惯性传感器（如图1.12所示）是3轴（X轴、Y轴和Z轴）加速度计和3轴陀螺仪的组合。前面介绍过陀螺仪是用来测量角速度的，而加速度计则是用来测量加速度，即速度的变化量的。这两个测量装置组合在一个传感器上，可以对机器人进行有效且准确的姿态检测及运动检测，传感器对运动变化的检测可以帮助机器人有效降低在行驶或爬上障碍物过程中翻倒的可能性。

惯性传感器的外壳上有一个安装孔，通过安装孔用户可以轻松地将惯性传感器安装到机器人相关的结构上。此外，安装孔旁边有一张示意图，用于标示惯性传感器各个轴向上的方向。在安装孔的前面有一个小凹痕，这个凹痕标记了传感器的参考点。在外壳的底部，有一个圆形凸台，凸台的作用是方便我们将惯性传感器固定在机器人上。

9. 视觉传感器

视觉传感器（如图1.13所示）是利用光学元器件和成像装置获取外部环境图像信息的传感器，一般用图像分辨率来描述视觉传感器的性能。视觉传感器中包含了一个双

ARM（Cortex-M4和Cortex-M0）处理器、一个彩色摄像头、一个Wi-Fi模块和一个USB接口，视觉传感器会让自律型机器人更加智能。

图1.12 惯性传感器

图1.13 视觉传感器

在最基本的模式下，视觉传感器可以检测某种颜色的物体在平面图像内的位置，水平位置对应x值，垂直位置对应y值。视觉传感器可以按颜色定位物体，扫描频率是50Hz，每扫描一次，视觉传感器就会提供一个与8种颜色相匹配的对象物体列表，其中的数据包含各个对象的高度、宽度和位置信息。对于含有多种颜色的物体，可通过编程，使用颜色代码为机器人提供新的信息，颜色代码可以表示任何你想要表达的内容，包括位置、对象类型、路牌、移动指令、机器人标识符等。视觉传感器的精度不仅与分辨率有关，还与被测物体与视觉传感器的距离相关，被测物体距离越远，其测量精度越差。

通过视觉传感器的USB接口可以直接将传感器连接到计算机，这样就可以同时查看图像和机器视觉结果。另外，视觉传感器还具有Wi-Fi Direct功能，这意味着我们可以使用任何带有Wi-Fi功能和浏览器软件的设备远程查看"实时"视频信息。视觉传感器还有一个与VEX IQ兼容的端口，可以用来分享视频画面。图1.14为视觉传感器识别物体的图像与位置时的效果图。

图1.14 视觉传感器识别10个物体的图像与位置

视觉传感器的规格如表1-1所示。

表1-1 传感器规格

传感器名称	视觉传感器
视觉帧率	50帧/秒
颜色签名	8种独立的颜色
颜色代码	每个颜色代码会有2个、3个或4个颜色签名
图片大小	640像素 × 400像素
处理器	双ARM，Cortex-M4和Cortex-M0
接口	V5智能端口、VEX IQ智能端口、Micro USB
无线	2.4GHz 802.11 Wi-Fi Direct热点，内置网络服务器
兼容性	任何带有Wi-Fi功能和浏览器软件的设备
质量	约350g

1.3 V5主控器

V5主控器（如图1.15所示）可以用来显示机器人信息、运行用户程序、控制和读取连接到主控器的设备。V5主控器使用了ARM Cortex-A9处理器和FPGA（Field Programmable Gate Array，现场可编程门阵列），使用ARM Cortex-A9处理器的V5主控器比上一代主控器中的处理器快了15倍。FPGA可与所有智能端口设备配合使用，用于控制屏幕。主控器还有扩展的内存和额外的存储空间，目前最多可以存储8个用户程序。另外V5主控器还支持多种语言。

图1.15 V5主控器

1.3.1 主控器性能

V5主控器采用4.25in（1in=25.4mm）全彩触摸屏，分辨率为480像素×272像素。强大的处理器与VEXOS操作系统相结合，使得新手更容易上手学习使用V5主控器。V5主控器的参数如图1.16所示。

图1.16 V5主控器的参数

V5主控器采用了一种叫作"集中智能"的新技术，为处理器提供所有传感器信息。所有智能传感器都有自己的传感装置，可以尽可能快地同时收集和处理数据。当V5主控器需要调用传感器数据（例如电机位置）时，直接从内存中访问即可。V5主控器有21个可用智能端口，每个端口都配备了数字断路器，可在不限制电机性能的情况下实现短路保护。表1-2为V5主控器规格。

表1-2 V5主控器规格

智能电机端口	使用21个智能端口中的任何一个
智能传感器端口	使用21个智能端口中的任何一个
无线端口	使用21个智能端口中的任何一个
数字端口	使用8个内置三线端口中的任何一个
模拟端口	使用8个内置三线端口中的任何一个
三线扩展端口（兼容旧款电器端口）	可使用三线扩展器添加8个端口。三线扩展器只占用一个智能端口
处理器	一个667MHz的Cortex A9，两个32MHz的Cortex M0，一个FPGA

续表

内存	128MB
闪存	32MB
用户程序插槽	8个
USB	2.0高速（480Mbit/s）
彩色触摸屏	4.25in，480像素x272像素，65K色
扩展	Micro SD，最大16GB，FAT32格式
无线	VEXnet 3和蓝牙4.2
系统电压	12.8V
尺寸	4.0in × 5.5in × 1.3in
重量	约285g

1.3.2　主控器端口介绍

如图1.17所示，V5主控器为全触屏面板，唯一按键为电源开关，这也是返回键。屏幕两侧总共有21个接口，可以用来连接V5智能电机、天线以及视觉传感器等。主控器侧面有A ~ H共8个三线传感器接口，用来连接官方传感器或者第三方传感器。

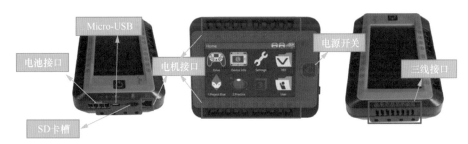

图1.17　V5主控器端口介绍

如图1.18所示，常用的输出数字信号或模拟信号的传感器都可以使用三线传感器接口。其实三线传感器接口有多种用途，任何三线传感器接口都可以实现数字输入、数字输出、模拟输入或作为脉宽调制方式控制电机的端口（比如图1.18中的电机393）。这提高了接口的灵活性。当8个三线传感器接口不够用时，还可以通过三线扩展端口来添加三线传感器接口。

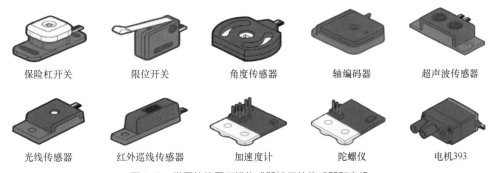

图1.18　常用的使用三线传感器接口的传感器和电机

使用V5主控器利用触摸屏能够选择绘制不同的颜色，可以选择绘制的线条或形状，也可以通过触摸屏控制绘制其他种类的图案。V5主控器内置多种语言和字体。用户能够快速有效地在双缓冲内部存储器上进行绘图，FPGA会以60Hz的速度处理画面刷新。

说明： FPGA器件属于专用集成电路中的一种半定制电路，是可编程的逻辑阵列，能够有效地解决原有可编程器件门电路数有限的问题。FPGA的基本结构包括可编程输入/输出单元、可配置逻辑块、数字时钟管理模块、嵌入式块RAM、布线资源、内嵌专用硬核和底层内嵌功能单元。由于FPGA具有布线资源丰富、可重复编程和集成度高、投资较低的特点，在数字电路设计领域得到了广泛的应用。

1.3.3　仪表板

仪表板是V5主控器最重要的改进之一。每个连接的传感器或其他设备都有一个内置仪表板，从开关、传感器，一直到电机、电池，仪表板提供了大量的数据信息和诊断功能，使用户能够实时查看传感器的状态，以及该操作对应的数据。

V5主控器仪表板的主页如图1.19所示。

通过V5主控器的仪表板，我们可以运行用户程序（最多可保存8个）和内置的VEX程序，还可以查询设备信息并对主控器进行一些基本设置。"设备"按钮菜单和"设置"按钮菜单如图1.20和图1.21所示。

图1.19　V5主控器仪表板的主页

图1.20　"设备"按钮菜单

图1.21　"设置"按钮菜单

这里我们对"设备"按钮菜单稍微多介绍一些。用户通过仪表板上的"设备"按钮菜单可以查看与主控器相连接的设备信息，包括遥控器、电机等，从而确定各模块是否工作正常。具体介绍如下4点。

1. 主控器信息查询

通过仪表板上的主控器信息（如图1.22所示）：可以查询事件信息、电流参数、USB是否连接、SD卡是否在位等。

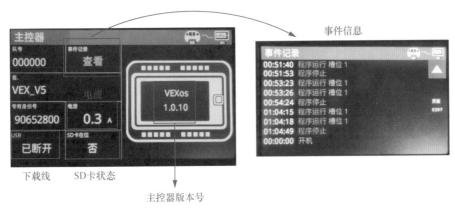

图1.22　主控器信息查询

2. 遥控器信息查询

通过仪表盘上的遥控器信息（如图1.23所示）可以获知工作模式、数据品质、电池电量、USB是否连接、智能接口1及2是否连接等。

3. 电池信息查询

通过仪表盘上的电池信息（如图1.24所示）可以获知电流的大小、最大电流、是否充电、充电循环次数、充电量以及输出功率等数据。

4. 电机信息查询

通过仪表盘上的电机信息（如图1.25所示），可以查询电机齿轮比、转数、度数、速度、功率以及扭矩的线性数据等。

图1.23　遥控器信息

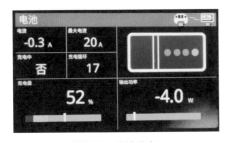

图1.24　电池信息

图1.25　电机信息

1.3.4　从主控器入手运行操控程序

如果要从主控器入手运行操控程序，首先要确保主控器电量充足，然后选择如图1.19

所示的主控器主页上的第一个按钮"操控"，此时会进入操控界面，如图1.26所示。

此时选择第一个"运行"按钮就能够运行操控程序，此时界面如图1.27所示。

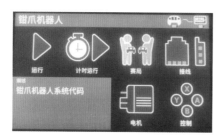

图1.26　操控界面

图1.27　运行操控程序时的界面

此时，用户可以监控运行时间，或者单击运行时间右侧的"设备"按钮查看连接的端口等信息。而如果想停止运行操控程序，则可以单击运行时间左侧的"停止"按钮。

1.3.5　V5主控器固件更新

如果想更新主控器固件，除了需要V5主控器和计算机之外，我们还需要准备USB线、V5电池（见1.6节）及电池连接线，如图1.28所示。

然后将主控器连接电池，开机，并将USB线一端插入主控器，如图1.29所示。

接下来将USB线另一端插入计算机的USB接口，如图1.30所示。

图1.28　更新主控器固件的准备工作

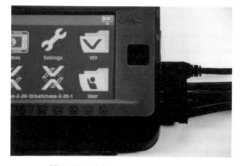

图1.29　连接USB线到主控器

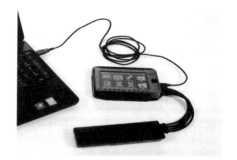

图1.30　将USB线另一端插入计算机的USB接口

下一步，打开VEXcode V5软件，在软件中查看当前固件是否为最新版本，如图1.31所示。如果不是最新版本，会出现黄色的过期提示按钮，如图1.32所示。具体的使用软件进行编程的操作会在下一章详细介绍。

此时单击"过期"按钮，等待更新完成，如图1.33所示。注意在更新过程中，一定要保持数据线的连接。

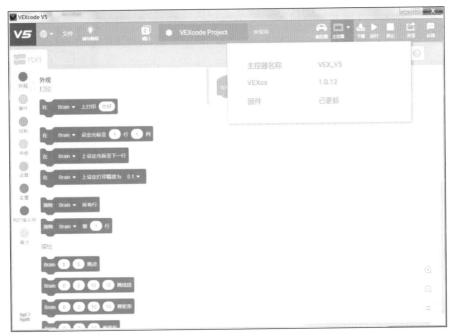

图1.31　查看当前固件版本

图1.32　如果不是最新版本，会出现黄色的过期提示按钮

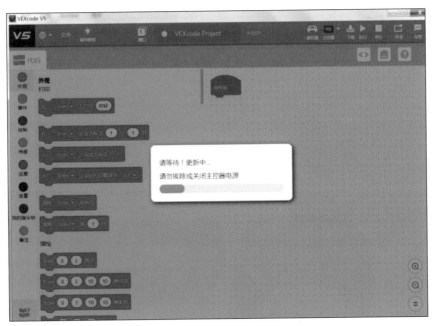

图1.33　主控器更新固件

当VEXcode V5 提示更新成功后，重启主控器（长按电源按钮直到主控器关机，再次长按电源按钮开机）。如果出现其他更新提示信息，选择"OK"选项（如图1.34所示）。

最后当更新完成后，主控器会自动返回主页。

图1.34 在主控器上如果出现其他更新提示信息，选择"OK"选项

1.4 V5遥控器与Wi-Fi模块

前面说过，VEX机器人的控制方式可以设计为手动（遥控器控制）或自动（程序自动控制），所以V5遥控器也是很重要的一个部分。不过这里的遥控器和普通遥控玩具中的遥控器有本质的区别，对于VEX机器人来说，我们是可以通过调整程序，来设定机器人在收到遥控器发送过来的信号之后具体执行怎样的操作的。因此，对于遥控器的相同指令，不同的机器人有可能会执行不同的动作。

图1.35 V5遥控器

V5遥控器外观如图1.35所示，使用VEXnet或蓝牙与主控器进行无线通信，遥控器使用内置可充电电池，通过Micro USB接口充电，充满电大约需要1个小时，运行时间为10小时。用户可以通过遥控器远程启动和停止程序。V5遥控器还可以连接计算机，当通过USB接口连接到计算机时，遥控器会远程连接到V5主控器，进行编程和调试。

相对于之前的遥控器，V5遥控器有很大的改进，其中最大的改进体现在它的屏幕上，这是一块单色的LCD（Liguid Crystal Display，液晶显示屏），通过屏幕遥控器可为用户提供来自机器人主控器的即时反馈。另外在比赛期间，操作手和副操作手还可以通过遥控器看到比赛时间和比赛状态。

1.4.1 遥控器的使用

V5遥控器上有两个摇杆和6组12个按键，如图1.36所示。两个摇杆会产生4个模拟量的信号，如图1.37所示。这里设定右侧摇杆的水平方向代表通道1，竖直方向代表通道2；左侧摇杆的水平方向代表通道4，竖直方向代表通道3。摇杆产生的模拟量取值范围为–127 ~ 127，向上拨动摇杆，通道的值为正；向下拨动摇杆，通道的值为负；向左拨动摇杆，通道的值为正；向右拨动摇杆，通道的值为负。

图1.36 V5遥控器的按键与摇杆

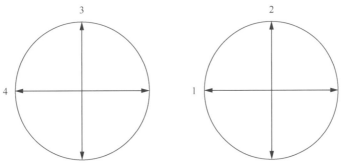

图1.37 V5遥控器的两个摇杆会产生4个模拟量的信号

而6组12个按键分别为左边两组4个按键：ButtonUp、ButtonDown、ButtonLeft、ButtonRight；右边两组4个按键：X、Y、A、B；前面两组4个按键：L1、L2、R1、R2。程序中，每个按键按下时，返回的值为1，按键未按下时的值为0。

此外，遥控器中间还有一个Home键，这是遥控器的电源键，程序运行时，长按Home键可以退出当前运行程序。

打开遥控器电源之后，LCD初始界面有3个选项框，依次为Drive选项框、Programs选项框及Settings选项框。菜单操作需要用到遥控器上的按键，ButtonLeft键、ButtonRight键用于移动光标，A键表确定，B键表返回。在遥控器和主控器正常连接的情况下，可以通过在遥控器LCD界面中选中Programs选项框，查看并运行主控器中已有的程序。另外，遥控器有两个智能端口，其中一个端口是比赛场地控制端口，另外一个端口是连接主控器所用的端口（见图1.38）。

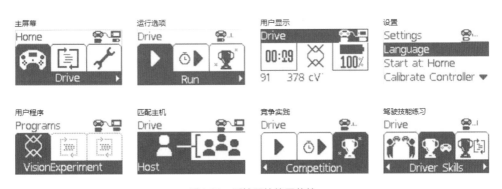

图1.38 遥控器的使用菜单

说明：遥控器工作异常时，可以用遥控器背面的复位孔进行重启复位。

1.4.2 Wi-Fi模块

在进一步介绍遥控器的使用方法之前，我们需要先来介绍一下VEX机器人中的Wi-Fi模块，Wi-Fi模块如图1.39所示。Wi-Fi模块可以让机器人的主控器与包括遥控器在内的其他设备通信，也能实现竞赛场控和程序的无线激活。Wi-Fi模块和V5主控器的通信协议为 VEXnet 3.0，该协议基于 VEXnet 2.0。

Wi-Fi 模块上的两个螺丝孔是为了便于模块的安装和拆卸。VEXnet 3.0 和蓝牙可用于驱动、下载和调试程序，多个主控器还可以连接在一起以获得双驱动器的支持。未来还将增加机器人与机器人之间的通信。建议在使用 Wi-Fi 模块时不要将模块放置在被金属包围的地方，这会影响信号的传输。

图 1.39　Wi-Fi 模块

1.4.3　遥控器的连接

如果我们希望通过遥控器来控制主控器，那么就需要使用 Wi-Fi 模块，不过这里要注意遥控器第一次与主控器连接时，必须用数据线完成配对。具体操作步骤如下。

第一步，用数据线将遥控器连接到主控器的任意智能接口（如图 1.40 所示），此时打开主控器后，遥控器将自动打开。

第二步，检查 V5 遥控器与主控器是否同步。等待设备自动连接，图 1.41 所示的情况说明没有成功建立连接。

图 1.40　主控器、遥控器的连接

图 1.41　遥控器没有成功建立与主控器的连接

第三步，连接 Wi-Fi 模块与主控器，此时需要进行无线配对。Wi-Fi 模块同样可以有线连接到任意智能接口。

第四步，验证有线连接。当主控器和遥控器通过数据线连接时（如图 1.42 所示），遥控器连接成功时会显示图 1.43 所示的图标，主控器连接成功会显示如图 1.44 所示的图标，两者显示相同。

图 1.42　主控器、Wi-Fi 模块、遥控器的连接

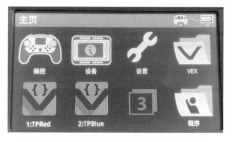

图 1.43　遥控器连接成功后显示的图标

第五步，设置无线模式。选择主控器的设置菜单按钮，将无线类型设置为VEXnet。此时会出现图1.45所示的提示信息，直接单击"OK"选项即可。注意，尽管警告信息是关于蓝牙的，它仍然会出现在设置VEXnet的时候。

图1.44　主控器连接成功后显示的图标

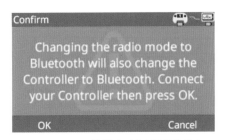

图1.45　设置无线模式时出现的警告信息

第六步，断开数据线，观察主控器和遥控器右上角的图标，看看是否显示为已经建立无线连接。连接成功后显示的图标如图1.46所示。

这样就完成了遥控器与主控器的配对连接，后续使用时，在保证主控器连接Wi-Fi模块的情况下，只要打开主控器与遥控器，两者就会自动连接。

图1.46　遥控器和主控器连接成功后显示的图标

1.4.4　通过遥控器运行下载好的程序

如果要通过遥控器运行下载好的程序，具体操作步骤如下。

第一步，检查V5主控器和V5遥控器，确保连接成功。

第二步，使用方向键，选中Programs图标，按下A键确认。

第三步，新的界面中每个图标都表示一个程序，通过方向键将光标移动到需要运行的程序，如图1.47所示。

第四步，按下A键确认，此时遥控器上的屏幕会进入程序运行操作界面，如图1.48所示。

第五步，选择"运行"后会进入程序运行界面，如图1.49所示。这个界面中左侧是程序运行时间，右侧是电池剩余电量。

图1.47　选中已经保存的程序

图1.48　程序运行操作界面

图1.49　程序运行界面

如果需要终止程序，就长按遥控器中间的电源按钮，直到遥控器显示屏退回主页面。

说明： 结合Wi-Fi模块，用户还能使用数据线连接遥控器，然后通过无线的方式将程序下载到主控器中，并进行无线调试。

1.5 V5智能电机

VEX的V5智能电机的功能非常强大，通过智能电机，用户可以控制电机的方向、速度、加速度、位置、转矩以及扭矩，智能电机可以带动机器人的轮子、手臂、爪子或任何可移动的部件。V5智能电机在齿轮、编码器、模块化齿轮箱、电路板、热管理、外观及安装多个方面都进行了优化，能够提供有关其位置、转速、电流、电压、功率、扭矩、效率和温度的反馈数据。图1.50展示了V5智能电机的外观以及参数曲线，如图所示，V5智能电机最大功率约为11W，最大扭矩为2.1N·m。电机转速可由电机处理器进行限制，以保持电机的性能一致，并在负载下实现最高转速。

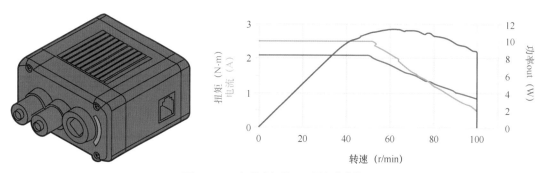

图1.50　V5智能电机外观及其参数曲线

V5智能电机的内部齿轮设计必须能够承受所有电机的功率，以及机器人负载结构的外力。这里齿轮箱相较于上一代具有很大的改进，针对高扭矩的情况使用的是金属齿轮以提高齿轮强度，而针对低负载、高转速的情况则使用的是塑料齿轮以实现平稳高效的运行效果。用户可以更换内部齿轮箱，对应输出齿轮比为6∶1、18∶1和36∶1的齿轮箱如图1.51所示。输出齿轮比为36∶1（100 r/min）的齿轮箱，适用于高扭矩、低速的输出；输出齿轮比为18∶1（200 r/min）的齿轮箱，是适用于传动系统的标准齿轮比；而齿轮比为6∶1（600 r/min）高速齿轮箱，适用于进气辊、飞轮或其他快速移动的机构。

6∶1(600r/min)　　18∶1(200r/min)　　36∶1(100r/min)

图1.51　V5智能电机不同的齿轮箱

图1.52展示了V5智能电机的内部结构，图1.53展示了在V5主控器的电机仪表板上显示的相应信息。注意这里对应的齿轮箱的参数是需要用户通过触摸屏来修改的，一定要确保显示的齿轮比与电机配对的V5智能电机齿轮箱匹配。V5智能电机端口红色LED灯亮时，电机开始运行。另外电机有用于修理的备用零件，包括V5智能电机盖和V5智能电机的螺纹嵌件，因此如果电机损坏的话，无须更换整个电机。

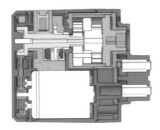

图1.52　V5智能电机内部结构

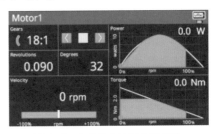

图1.53　在主控上查询电机参数

V5智能电机的反馈系统为用户提供了在机器人和程序上进行调整所需的信息。对于刚入门的学生来说，这是个宝贵的学习机会，他们可以在设计中考虑这些因素，而对于更有经验的学生，他们可以直观地看到电机的内部关系和动态。

1.5.1　V5智能电机内部电路

V5智能电机的内部电路包含一个完整的H桥和Cortex M0微控制器，这里微控制器可用来测量位置、速度、方向、电压、电流和温度等。另外微控制器内还运行了一个PID（PID的介绍见4.3.5部分），用于速度控制、位置控制、转矩控制和前馈增益。PID在内部以10ms的速率计算。电机的PID值由VEX预先设置，用户可以自行调整PID值，以针对特定应用调整电机的性能，这样在所有操作条件下都能保证电机有出色的电机性能。高级用户可以绕过内部PID值的设置直接通过脉宽调制的方式进行控制。

V5智能电机最独特的功能之一就是性能完全一致。电机的内部电压稍低于电池的最小电压，电机的功率的浮动范围精确控制在±1%以内。这意味着无论电池电量或电机温度如何，电机在每次运行时都会执行相同的操作。

V5智能电机反馈的角度精度为0.02度，这样的精确控制由内部编码器实现。电机编码器结构包括齿轮、杆、齿轮齿、磁性拾音器（如图1.54所示）。

图1.54　V5智能电机中的电机编码器结构

在这个编码器当中，由于齿轮齿是金属材质的，所以通过磁性拾音器能够检测到齿轮的转动，当电机转动时，磁性拾音器就会不断产生脉冲信号，转速越快脉冲信号的频率就越高。另外，V5智能电机的内部电路还会监测电机的内部温度以确保电机正常运行。如果电机过热，系统会发出警告，如果电机达到其温度极限，则电机会自动降低性能以确保不会损坏。V5智能电机有4个温度响应级别。每个温度等级会不同程度地限制电机电流：等级1对应50％电流、等级2对应25％电流、等级3对应12.5％电流、等级4对应0％电流。同时失速电流被限制在2.5A，以保证不影响峰值功率输出。2.5A的电流限制基本上消除了电机性能曲线的不良区域，确保不会出现失速情况。

1.5.2　V5智能电机规格

V5智能电机的规格如表1-3所示。

表1-3　V5智能电机规格

速度	大约100r/min，200r/min或600r/min
峰值功率	11W
连续功率	11W
堵转转矩	2.1 N·m
低电池性能	100％的功率输出
反馈	位置 速度（计算获得） 电流 电压 功率 扭矩（计算获得） 效率（计算获得） 温度
编码器	1800个分辨率/转，36∶1 900个分辨率/转，18∶1 300个分辨率/转，6∶1
外形尺寸	57.3mm（宽）×71.6mm（长）×33.0mm（高）
重量	0.342ld，约155g

1.5.3　连接V5智能电机

连接V5智能电机的步骤如下。

第一步，将V5智能连接线连接到V5智能电机，直到听到"咔嗒"声，说明连接线已经插好，如图1.55所示。

第二步，将V5智能连接线连接到V5主控器，

图1.55　将V5智能连接线连接到V5智能电机

同样，直到听到"咔嗒"声，说明连接线已经插好，如图1.56所示。

第三步，在V5主控器上检查"设备信息"，可以查看新设备。在主屏幕上单击新设备图标，可以查看在端口上的可识别设备，如图1.57所示。

图1.56　将V5智能连接线连接到V5主控器

图1.57　在V5主控器上检查"设备信息"

1.6　电池

V5机器人电池的最大变化是其标称电压达到了12.8V。电池充电电压为14.6V。V5机器人电池具有智能电池管理系统，可测量充电和放电期间电池电量的变化。V5机器人电池的外观如图1.58所示，具体的参数如图1.59所示。

图1.58　V5机器人电池外观

图1.59　V5电池输出参数

目前很多机器人套件中使用的都是锂离子电池。锂离子电池在多电池组中使用时，在高电流水平下可能存在安全问题，并且锂离子电池寿命较短。所以V5机器人选择了磷酸铁锂电池(LiFePO$_4$)，这种电池的寿命是传统的镍金属氢化物(Ni–MH)电池的4倍，同时在多电池组中也具有更好的稳定性和安全性，特别是在大电流的情况下。

V5机器人电池中的智能电池管理系统还负责处理电池的平衡和充电功能。随着电池使用时长不断增加，电池平衡对于保持电池组的性能至关重要，充电时需确保电池组中的每个电池处于完全相同的电压下。

V5机器人电池的充电时间大约为40分钟。充满电的电池的运行时间取决于多种因素，包括机器人的设计结构、机器人的重量、操作时间、所用电机的数量等。机器人通常从一次充电中可获得30分钟以上的剧烈运动续航，参赛队伍应该能够使用一个机器人电池进行多场比赛而不需要充电。使用V5机器人电池时，电池电量不足并不会改变其驱动电机的性能，V5机器人电池可以持续输出20A的电流，因此在峰值功率输出下可供10台电机同时运行。

1. 电池规格

V5机器人电池的规格如表1-4所示。

表1-4　V5机器人电池规格

电池名称	V5 机器人电池
电池种类	磷酸铁锂电池
大约寿命	2000次全部充电周期
额定电压	12.8V
最大电流	20A
最大输出功率	256W
电机峰值功率	11W
低电池性能	电机输出功率为100%
容量	14 W·h
重量	0.77lb，约350g

2. V5机器人电池的错误信息

V5电池上的LED灯亮灭的状态不一样，对应不同的信息，这里的LED的位置从上往下依次为第一位置、第二位置、第三位置和第四位置。V5机器人电池出现的主要错误信息如下。

（1）当第四位置的红色LED灯以每秒5次的频率闪烁时（如图1.60所示），表示电池电量严重不足，电池须尽快充电。注意，如果在LED灯闪烁时连接充电器，LED灯会持续闪烁，直到电池内部电压增加到临界水平后LED灯才会停止闪烁。

图1.60　第四位置的红色LED灯闪烁

图1.61　第三位置和第四位置的LED灯闪烁

（2）当第三位置和第四位置的LED以每秒5次的频率闪烁时（如图1.61所示，在VEXOS 1.0.3或更高版本的系统中，第三位置的LED灯为绿色），表示存在过压错误，当电池电压降至预定阈值以下，错误将被清除。可以将电池重新连接到充电器上，验证错误是否已处理。

（3）当第四位置的红色LED灯常亮时，表示检测到内部电池故障，建议更换电池。此时会通过下方的绿色LED灯来表示哪个电池坏了，图1.62显示的状况是电池组有一个坏电池。

（4）当第四位置的红色LED灯以每秒1次的频率闪烁时，表示充电错误，此时须先断开充电器，然后尝试处理错误。

（5）当第一位置和第四位置的LED灯交替快速闪烁时（如图1.63所示），表示电池处于固件引导加载模式，此时须将电池连接到V5主控器上。

图1.62　电池组有一个坏电池　　　　　图1.63　第一位置和第四位置的LED灯交替快速闪烁

（6）如果连接了充电器而所有LED灯快速闪烁时（如图1.64所示），则表示电池处于固件引导加载模式。此时断开充电器，让固件更新，当所有LED灯熄灭时，再将电池连接到V5主控器上。

（7）如果在充电过程中LED灯没有亮（如图1.65所示），可以先手动按下电池上的按钮，如果LED灯依然没有亮，那么可以使用针或类似的物体，按下电池上的重置按钮。如果问题仍然存在，则说明电池有问题，此时可以向VEX支持部门发送电子邮件寻求支持。

图1.64　所有LED灯闪烁　　　　　　图1.65　在充电过程中LED灯没有亮

1.7　气动系统

相比于电机这样圆周运动的执行机构，气动系统是一种非常高效的直线往复运动结构，当气压足够时，活塞只有两个位置，且位置也非常准确。实际工作中，这种形式的机构应用也很多，如许多机器上的传送装置，产品加工时的工件进给、工件定位和夹紧、工件装配以及材料成形加工等都是直线运动形式。不过气动执行机构的驱动介质（压缩空气）制造成本较高，同时能量利用率又比较低，所以很多机器人套件中是不包含气动系统的。

1. 气动配件

气动系统中的配件有很多种（如图1.66所示），例如气瓶、气管、气嘴、开关、限流阀、单向阀等，其中气瓶作为储气罐，用来存储压缩气体。气管连接气瓶和电磁阀，是气体的流动管道。气嘴是连接气管的接头。气动系统的组装效果如图1.67所示。

图1.66　气动系统中的配件　　　　　　　　图1.67　气动系统的组装效果

2. 气缸

气缸（如图1.68所示）是气压传动中将压缩气体的压力能转换为机械能的气动执行器件，它由缸筒、端盖、活塞、活塞杆和密封件等组成，其中活塞杆是气缸中最重要的受力零件。

图1.68　气缸

3. 电磁阀

电磁阀（如图1.69所示）是用电磁控制的器件，电磁阀由电磁线圈和磁芯组成，还包含了有一个或几个孔的阀体。当线圈通电或断电时,磁芯的运转将导致流体通过阀体或被切断,以达到改变流体方向的目的。电磁阀线圈的通电或断电可以通过程序控制，因此，电磁阀是实现气动系统自动控制的关键。

图1.69　电磁阀

第2章

■■■

VEXcode V5 编程

在了解了VEX机器人主要的硬件模块以及对应的连接方法之后，本章我们来了解一下如何使用VEX机器人的编程环境。

2.1 VEXcode

为机器人编程的目的是让机器人能够按照预设的过程执行相应的动作。VEX的编程环境被称为VEXcode，但VEXcode并不是单指一款软件，而是VEX所有编程环境的统称，其中包含了多种语言和编码形式。具体到V5主控器，又可以分为VEXcode V5和VEXcode Pro V5。VEXcode V5又包含了图形化编程形式和Python、C++文本编程形式，图形化形式符合中国电子学会团体标准《青少年软件编程等级评价指南》中图形化编程部分的符号要求。而VEXcode Pro V5为C++文本编程形式。

对于所有VEX品牌，图形化编程形式、Python语言形式、C++语言形式的系统对应的VEXcode编程环境是一致的。无论是使用哪款产品，都能保证学生在进入新的学习阶段时，无须重新学习新的编码环境。学生可以通过图形化编程形式入门，然后进阶到Python语言形式和C++语言形式，这是无缝衔接的。在VEXcode V5中，能够对照看到图形化编程形式的代码块和Python、C++文本代码，这样实际上是降低了Python、C++文本代码学习的门槛。对于Python文本代码和C++文本代码来说，两者很多的函数或对象都相同，因此学生只要了解Python和C++本身语法的区别，就能很快从Python语言形式过渡到C++语言形式。

2.1.1 VEXcode V5

要想使用VEXcode V5，可以打开VEXcode页面中的Blocks（图形化形式）系统或是Text（文本形式）系统，对应网站界面如图2.1和图2.2所示。

通过图2.1和2.2能看到，VEXcode图形化编程形式支持的VEX产品包括123、GO、IQ、EXP、V5还有虚拟机器人编程（VR）；VEXcode文本编程形式支持的VEX产品包括IQ、EXP、V5和VR。注意，其实文本编程也是在图形化编程软件中实现的，如图2.2所示，"Blocks and Text.Together"，表明图形化编程形式和文本编程形式其实共同协作。

如果要针对V5编程，那么单击其中的"V5"标签，此时界面如图2.3所示。

图2.1　VEXcode图形化编程软件页面

图2.2　VEXcode文本编程软件页面

图2.3　单击"V5"标签后出现的界面

VEXcode V5支持的设备包括Chromebook（网络笔记本）、Amazon Fire平板电脑、Android手机、iPad、Windows系统和Mac系统的计算机，大家可以根据自己的设备选择对应的版本下载安装。

2.1.2　VEXcode Pro V5

如果想使用VEXcode Pro V5，则可以双击VEXcode界面中的"Pro V5"，此时界面如图2.4所示。

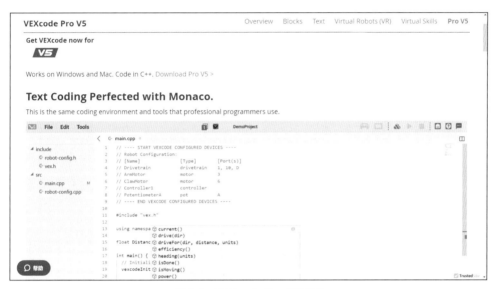

图2.4　VEXcode Pro V5界面

通过图2.4能看到，VEXcode Pro V5目前只支持V5系统。

VEXcode Pro V5针对高水平用户，采用全文本的编程界面，提供更开放、更专业的C++语言编程。本书之后的内容主要使用的编程环境为VEXcode V5，如果大家对VEXcode Pro V5感兴趣的话，可以自行尝试。

2.2　VEXcode V5软件界面介绍

VEXcode V5编程环境如图2.5所示。

界面的最上面一行属于菜单栏，这里除了包括左侧的文件和语言选择菜单（类似地球仪的图标）之外，还包括教程按钮（灯泡图标）以及右侧的一些程序控制调试按钮。

第二行是标签栏，这里右侧有3个功能按钮，分别是"代码阅览"（<>图标）、"设备管理"（插口图标）和"帮助"（问号图标）。

最下面就是程序区了，这里左侧为图形化编程形式的指令块，这些指令块以不同的颜色加以区分，我们可以通过左侧不同颜色的按钮快速找到需要使用的指令块。程序区的右侧为最终编写程序的地方。注意在这个界面中如果单击左下角的按钮，会将指令块隐藏起来。

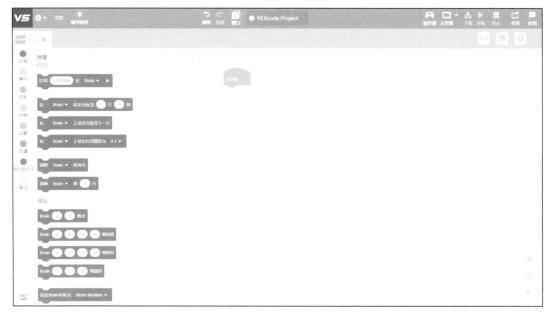

图2.5　VEXcode V5编程环境界面

下面我们结合一些具体的示例来进一步地说明VEXcode V5编程环境界面中的各个按钮的功能。

2.2.1　程序的下载

在VEXcode V5编程环境的菜单栏中选择"辅导教程"选项，"选择辅导教程"界面如图2.6所示。

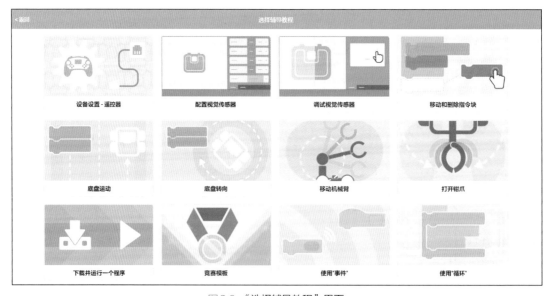

图2.6　"选择辅导教程"界面

大家可以根据自己的需求选择对应的教学视频。这里我们先介绍程序的下载流程。

第1章中介绍过V5主控器最多可以存储8个用户程序，因此下载程序之前首先要通过菜单栏中间的"槽口"按钮选择程序存储的位置，假如选择1号位置，则界面如图2.7所示。

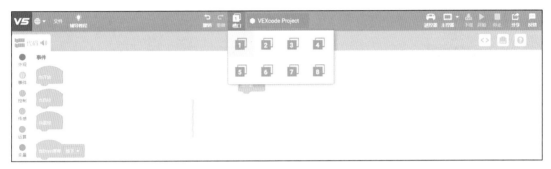

图2.7　选择程序存储的位置

"槽口"选择好之后，将V5主控器连接到计算机，连接方法参考1.3.5部分的内容。

主控器连接之后，编程环境中菜单栏右侧的"主控器"图标的颜色会变成绿色，如图2.8所示。

此时单击"下载"按钮就能将程序下载到主控器中（目前这里是空程序），然后通过菜单栏中"开始""停止"按钮就能控制程序的运行。同时在主控器中也可以选择对应的程序运行，过程与1.3.4小节中介绍的"从主控器入手运行操控程序"的过程类似。

图2.8　"主控器"图标的颜色变成绿色

2.2.2　控制电机

我们在第1章中了解到V5主控器外围可以连接很多不同种类的外设，比如遥控器、V5智能电机、视觉传感器、限位开关、碰撞开关、光轴编码器、超声波测距仪、陀螺仪等等，那么在编程环境中如何实现对这些外设编程呢？本节我们以控制电机为例进行简单的说明。

要实现对外设编程，首先需要在编程环境中添加对应的硬件，这样相关的指令块才会出现在程序区当中。添加硬件，选择标签栏右侧的"设备管理"，此时会出现一个"添加设备"的窗口，如图2.9所示。

接着在弹出的窗口中点击"添加设备"，此时在窗口下方会出现很多可添加的设备，如图2.10所示。

由于本节我们要实现的功能是"控制电机"，因此这里选择MOTOR（电机），然后会出现图2.11所示的界面。

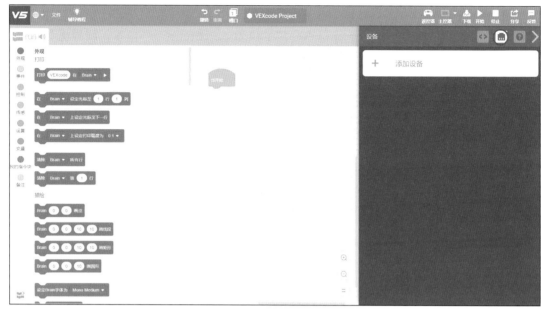

图2.9　单击"设备管理"按钮后出现"添加设备"窗口

图2.10　出现了很多可添加的设备

这里需要选择电机连接的端口，单击对应的编号即可。假设将MOTOR连接到端口10，则会出现图2.12所示的电机配置界面。

这里能看到电机的名称变成了Motor10（这个名字是可以更改的），此时用户还可以设置电机的正转方向和齿轮组齿轮比，这里不做更改。电机添加完成，对应的编程环境界面变为图2.13所示的界面。

此时我们可以看到已经添加了一个电机，电机连接端口编号为10。同时在程序区的左侧还可以看到新增了很多控制电机的指令块。

图2.11 选择MOTOR后系统呈现的界面

图2.12 电机配置界面

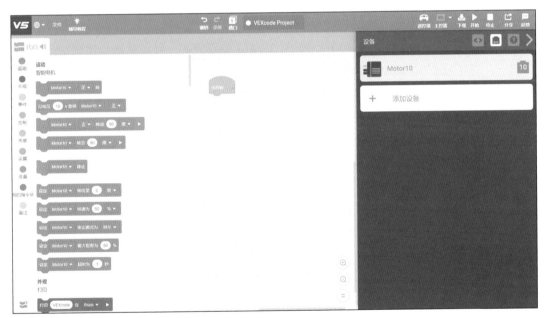

图2.13 电机添加完成后的界面

编程环境中添加了硬件之后，在实际的硬件环境中，我们也要将一个电机与V5主控器的端口10连接（参见1.5.3小节）。

下面来看程序部分。这里我们实现一个简单的功能：让电机转一秒，然后停止。

程序区中的程序都需要有一个起始条件，通常是图2.13所示的"当开始"条件，这表示当我们单击菜单栏右侧的"开始"按钮，或者单击主控器上的"运行"按钮时系统就会执行之后的程序。为了让电机转动，我们找到指令块区域的"设定电机转速"的指令块，将其拖曳到右侧"当开始"指令块的下方。如图2.14所示。

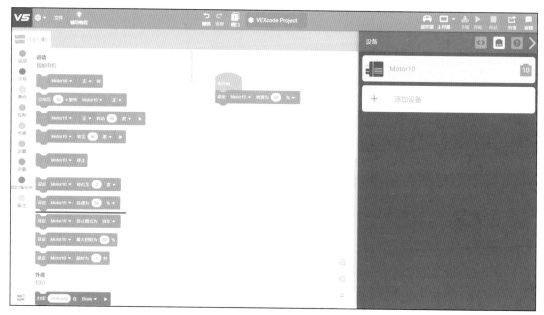

图2.14　设定电机转速

注意这个"设定电机转速"的指令块，其单位是可选的，可以在百分比与r/min之间二选一，这里我们保持原来的设定，即50%的转速。如果选择r/min，则取值范围根据V5智能电机中安装的齿轮箱不同而不同，红色齿轮箱转速范围为：–100 ～ 100r/min。绿色齿轮箱转速范围为：–200 ～ 200r/min。蓝色齿轮箱转速范围为：–600 ～ 600r/min。接着在"控制"类指令块中选择"等待1秒"的指令块将其拖曳到"设定电机转速"的指令块下方，如图2.15所示。

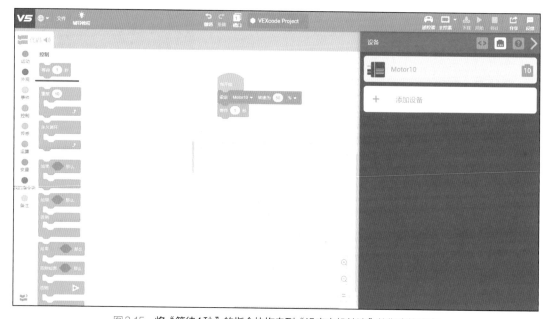

图2.15　将"等待1秒"的指令块拖曳到"设定电机转速"的指令块下方

再选择一个"电机停止"的指令块放在最后，如图2.16所示。

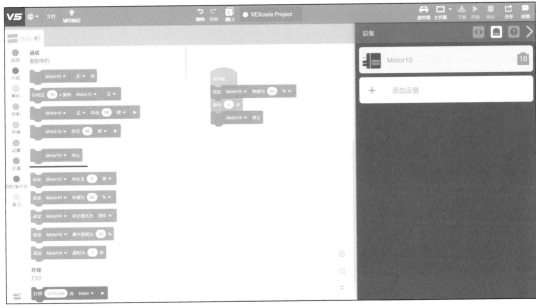

图2.16　添加一个"电机停止"的指令块

这样这个简单的程序就完成了。将其下载到主控器中并运行一下，看看是否实现了电机转动1秒然后停止的效果。

在程序区有很多的指令块，这些指令块的功能都是很直观的，通过名字和分类就能大概知道它是做什么用的。如果实在不清楚某一个指令块的功能，可以随时单击标签栏右侧的"帮助"按钮，如图2.17所示。

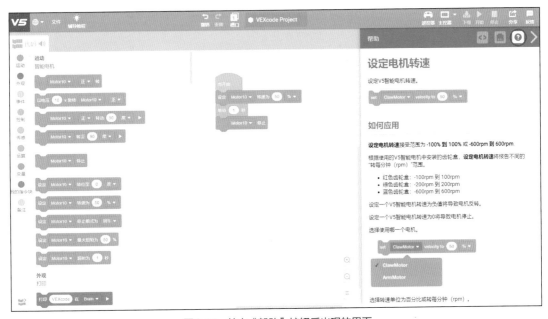

图2.17　单击"帮助"按钮后出现的界面

2.2.3 竞赛模板

2.2.2小节中介绍了程序区中的程序都需要有一个起始条件，这个起始条件通常是"当开始"，不过对于参加比赛的机器人来说还需要考虑其他情况。

在VEXcode V5编程环境中除了"辅导教程"这样的视频教学内容，还有很多的示例项目，针对竞赛这种情况我们可以单击"文件"菜单，然后选择其中的"打开样例"，如图2.18所示。

接着系统会弹出图2.19所示的界面。

这里有很多能够帮助我们快速实现项目的样例和模板，如果希望快速定位"竞赛模板"，那么可以选择"模板"选项，然后选择其中的"竞赛模板"（Competition Template），如图2.20所示。

图2.18 单击"文件"菜单，然后选择其中的"打开样例"

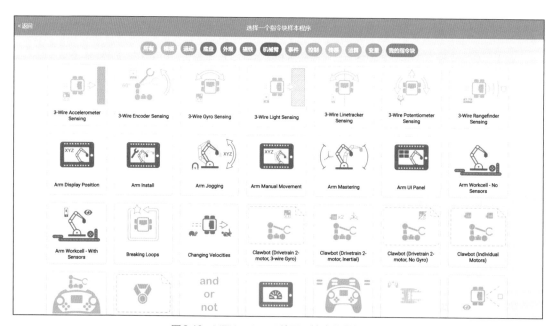

图2.19 VEXcode V5编程环境中的样例程序

选择了"竞赛模板"之后，系统呈现的界面如图2.21所示。

这里在程序区多了两个起始条件，分别是"当自控""当遥控"。这是因为在竞赛当中基于V5主控器的机器人会有遥控和自律两种状态，这两种状态是可以切换的。在这个模板下，只要分别拖曳指令块到"当自控""当遥控"两个起始条件下方，即可轻松创建竞赛程序。注意，在竞赛程序当中，"当开始"指令块下方通常放置在初始化时需要执行的指令块。

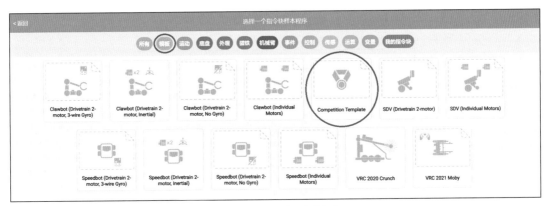

图2.20　选择"竞赛模板"

图2.21　选择了"竞赛模板"之后系统呈现的界面

2.3　默认指令块

2.2节中，我们了解了VEXcode V5中界面的布局和主要按钮的功能，同时还使用了两个指令块实现了一个简单的程序，本节我们将来详细介绍一下编程环境中默认的指令块。

2.3.1　与外观相关的指令块

这里的外观主要是指对V5主控器上触摸屏的操作，主要包括显示文字和画图两部分。

V5主控器上全彩触摸屏的大小为480像素×272像素，不过程序可以操作的区域的大小为480像素×240像素，屏幕最上方一行显示信息的区域是我们通过程序控制不了的。在480像素×240像素的这个区域，原点坐标在左上角，往右移动，X坐标增加；往下移动，

Y坐标增加（如图2.22所示）。

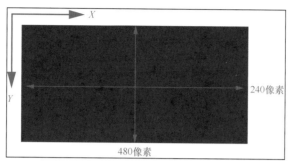

图2.22　VEX V5主控器屏幕尺寸

确定了屏幕的坐标系之后，我们先来看看显示文字的指令块，如图2.23所示。这里将"显示"称为"打印"，比如图2.24所示的程序就表示在屏幕上显示"你好"。

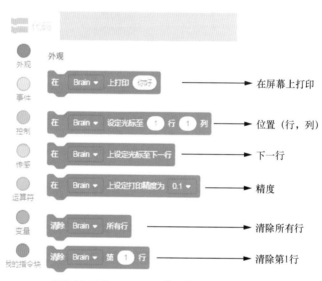

图2.23　VEXcode V5外观中显示文字的指令块

打印的内容较多时，需要先定位（行、列），然后再打印。当我们在调试机器人的时候，将一些传感器信息打印出来是一个非常好的习惯。注意，在每次打印实时状态的值时，我们需要先将之前的内容清除再打印。

除了设置打印的内容和位置外，还可以通过图2.25所示的指令块设置字体、字号和颜色。

图2.24　在屏幕上显示"你好"的程序

用户可以根据输出内容设置相应的字体、字号。V5主控器支持两种字体，如下。

- 等宽字体(Mono)：每一个字符取相同宽度。
- 比例字体(Prop)：每个字符宽度按比例自动调整。

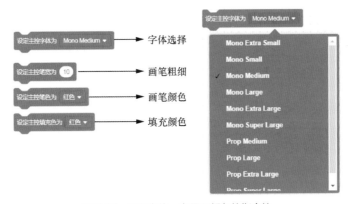

图2.25　设置字体、字号和颜色的指令块

V5主控器支持6种字号，对应文字大小如图2.26所示。

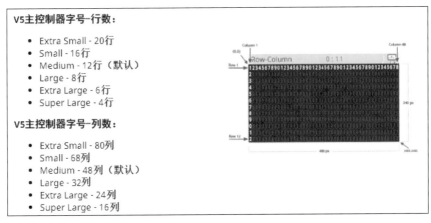

图2.26　VEXcode V5字体对应的行列数

这里是按照行数和列数来表示的，比如对于Extra Small（超小）字号，则整个屏幕可以分为20行80列，而对于Super Large（超大）字号，则整个屏幕可以分为4行16列。

图2.26中右图为默认的Medium（中等）的字号，整个屏幕可以分为12行48列。大家可以参照图2.26来规划文字内容的显示。

外观中的第二部分指令块是与画图相关的，对应的指令块如图2.27所示。

通过这些指令块，能够在V5主控器的屏幕上完成画点、画直线、画矩形以及圆形，当然也可以使用多个指令块画一些复杂的图形。图2.27对这些指令块进行了说明。理解了这些说明，我们就知道这些指令块如何使用了。当然有问题也可以直接单击"帮

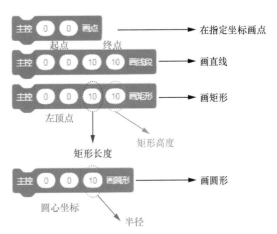

图2.27　VEXcode V5外观中与画图相关的指令块

助"按钮查看相关信息。

举例来说，在屏幕中心画一个圆形的代码如图2.28所示。

图2.28　在屏幕中心画一个圆形的代码

2.3.2　与事件相关的指令块

与事件相关的指令块如图2.29所示，包含了"当开始""当自控""当遥控"指令块。

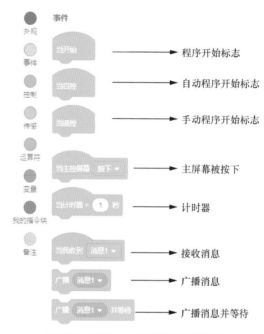

图2.29　VEXcode V5事件类的指令块

2.3.3　与控制相关的指令块

与控制相关的指令块主要和程序流程相关，如果细分的话还可以分为选择结构指令块（如图2.30中右边两个指令块）和循环结构指令块（如图2.30和图2.31中带返回箭头的指令块）。

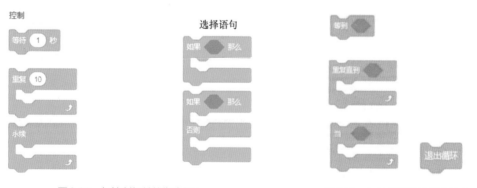

图2.30　与控制相关的指令块1　　　　图2.31　与控制相关的指令块2

图2.30当中指令块的具体说明如下。

- 等待……秒：设置具体的等待时间。
- 重复（次数）：表示某一个动作重复指定次数。
- 永续：相当于重复次数为无穷大，一直重复执行。
- 如果……那么：条件选择语句，当条件满足时执行嵌入的指令块；条件不满足时，不执行嵌入的指令块。
- 如果……那么，否则：如果满足条件，那么就执行上面嵌入的指令块，否则就执行下面嵌入的指令块。

图2.31当中指令块的具体说明如下。

- 等到：将重复检验布尔指令块，且不会移动到下一个指令块，直到这个布尔指令块返回值为"真"。
- 重复直到：只在每次循环开始时检验布尔条件。如果布尔条件为"假"，嵌入的指令将运行；如果布尔条件为"真"，嵌入的指令将不运行，跳出"重复"模式。
- 当：只在每个循环开始时检查布尔条件。如果布尔条件为"真"，嵌入的指令将运行；如果布尔条件为"假"，则嵌入的指令将被跳过。
- 退出循环：直接退出一个正在重复的循环。

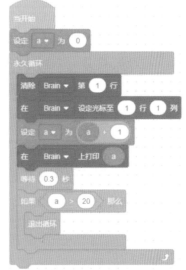

图2.32　变量打印示例

举例说明：设置一个变量a，初始值为0，让a每0.3s增加1，当a>20时，循环终止。观察屏幕显示的值。图形化程序如图2.32所示。

2.3.4　传感-计时器指令块

V5主控器中有一个计时器，这个计时器在每个程序开始时会开始计时。重置计时器指令块（见图2.33）会使计时器返回到0s，重新开始计时。

图2.33　重置计时器
指令块

2.3.5　与运算相关的指令块

与运算相关的指令块包括加、减、乘、除[+,-,×,÷(/)]，选随机数，判断大于、小于、等于，与、或、非，三角函数，取绝对值，取整等，如图2.34所示。

图2.35是一个选随机数并显示的示例，实现的功能为：在1～10之间选一个随机数，并显示出来，随机数每秒更新一次。

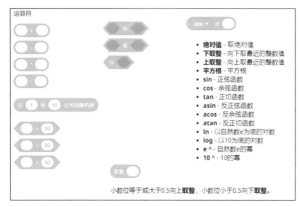

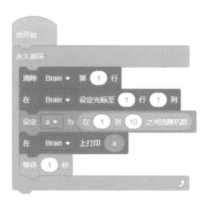

图2.34　VEXcode V5中与运算相关的指令块　　　图2.35　VEXcode V5选随机数示例

2.3.6　与数组相关的指令块

数组是有序的元素序列。在VEXcode当中，用户可以创建一维数组和二维数组。可以将一维数组看成一行多列的元素组合，而二维数组则是一个多行多列的元素组合。在编程环境中，默认没有数组相关的指令块，只有创建了数组之后，才会出现相应的指令块，创建数组的窗口如图2.36所示。对应出现的相关指令块如图2.37所示。

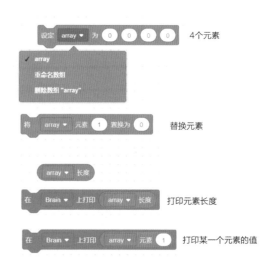

图2.36　VEXcode V5中创建数组的窗口　　　图2.37　VEXcode V5中一维数组指令块

注意： 在VEXcode中，数组的长度最大为20。另外，对于数组的操作来说，图形化编程软件中元素的序号是从1开始的；而对于Python和C++语言来说，元素的序号是从0开始的。

下面来介绍一个创建一维数组的示例。创建步骤为：在创建数组的窗口中创建一个一维数组，长度设为20，赋值该数组的值为1，2，3，…，20，同时将对应的值显示出来，示例图形化程序如图2.38所示。

图2.38　创建一维数组示例　　　　图2.39　VEXcode V5中二维数组命令

接下来介绍二维数组。创建二维数组的步骤为：在创建数组的窗口中创建一个大小为两行五列的二维数组，赋值该数组的值为从1开始的奇数，同时将对应的值显示出来，示例图形化程序如图2.39和图2.40所示。

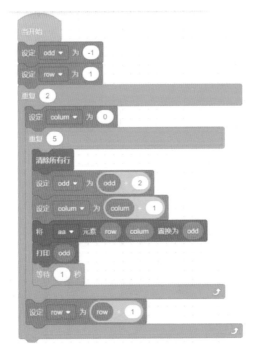

图2.40　创建二维数组示例

2.3.7　创建指令块

创建指令块的时候还可以设置参数，目前参数可以设置为数字或布尔类型的值，创建指令块的窗口如图2.41所示。定义好的指令块就可以直接调用了，比如图2.42就是创建一个在固定位置画圆的指令块，这个圆的半径可以通过参数设置。然后在"当开始"指令块下方，我们调用了这个自己创建的指令块。

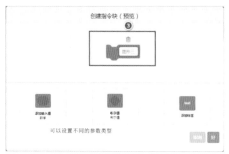

图2.41　VEXcode中创建指令块的窗口　　　　图2.42　在VEXcode中创建一个在固定位置画圆的指令块

2.4　VEXcode中的快速配置

为了方便用户的使用，我们可以通过快速配置，直接通过遥控器上的按钮和摇杆来让两驱、四驱的机器人底盘或是电机动起来。这种低代码甚至是零代码的编程形式，让机器人的编程更为简单，自然也会激发学生学习编程的兴趣。

2.4.1　底盘配置

还记得图2.10中所示的"添加设备"窗口中出现的可选设备吗？如图2.43所示，这里可以直接选2个电机（两驱）底盘和4个电机（四驱）底盘。

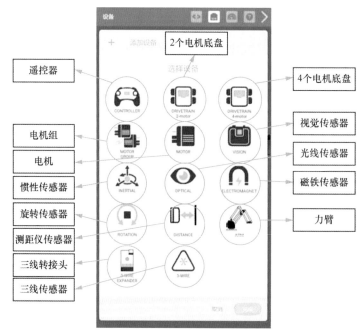

图2.43　"添加设备"窗口中出现的可选设备

这算是一种集成化的硬件添加形式。假设这里选择两驱的底盘，则设定好左电机、右电机的端口即可，如图2.44所示。

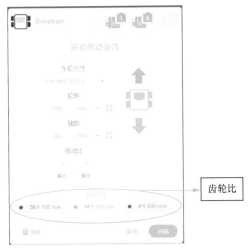

图2.44　选择两驱的机器人底盘

2.4.2　遥控器配置

选好底盘之后，接下来就是选择遥控器。

回到图2.43所示的界面，选择遥控器，则会进入图2.45所示的配置界面。

图2.45　遥控器配置界面

这里可以选择单摇杆模式和双摇杆模式对底盘运动进行控制，单击任意一个摇杆都可以切换控制模式，图2.45所示为左摇杆单独控制模式，图2.46所示为右摇杆单独控制模式。图2.47所示为双摇杆控制模式，其中左侧的图表示左侧摇杆控制底盘前进、后退，右侧摇杆控制底盘左右转；右侧的图表示左侧摇杆控制底盘左侧电机前进、后退，右侧摇杆控制底盘右侧电机前进、后退。

图2.46　遥控器右摇杆单独控制模式

图2.47　双摇杆控制模式

　　设定好之后就能实现利用遥控器对机器人底盘进行控制了，不过这种方式适合刚接触VEXcode V5的学生，因为控制精度误差较大。为了实现对底盘的精确控制或者智能化控制，我们还需要进一步编写程序。

第3章

■■■

机器人控制

前面两章分别介绍了VEX机器人主要的零部件以及VEXcode V5编程环境，本章的内容主要是通过编程实现对机器人的控制。

3.1 遥控器简单控制

3.1.1 获取遥控器状态

第1章介绍过，VEX遥控器上有两个摇杆和6组12个按键。两个摇杆会产生4个模拟量信号。遥控器上所有的摇杆和按键都是可以独立编程的，我们可以通过程序来查看一下对应的值。本节我们通过程序获取遥控器上按键和摇杆的状态信息。

编程前我们需要添加遥控器设备，完成后如图3.1所示。

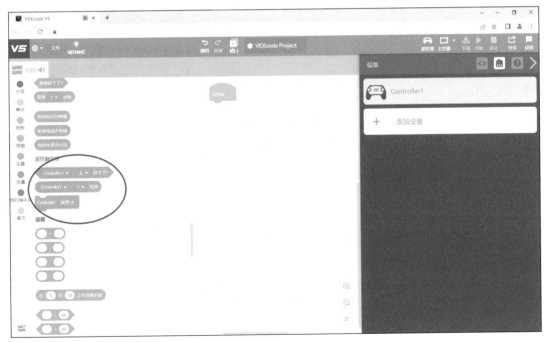

图3.1　添加遥控器设备

添加遥控器设备之后，在"传感"分类中就会出现与遥控器相关的指令块，包括获取按键的值的指令块，以及获取摇杆的值的指令块。按键比较好理解，就是表示"按下"或"松开"的开关信号，大家可以自行尝试一下这个指令块的使用方式。不过摇杆在一个方向上产生的模拟信号的范围是多少呢？我们可以通过程序显示左侧摇杆的水平方向上的值（通道4）。对应程序如图3.2所示。

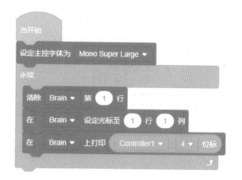

图3.2 通过程序显示输出左侧摇杆的水平方向上的值

下载程序之后运行，然后在水平方向上推动左侧摇杆，当摇杆在最左侧时，显示的值为–100，而当摇杆在最右侧时，显示的值为100，因此摇杆在一个方向上产生的模拟信号的范围为–100 ~ 100。

3.1.2 用遥控器控制电机

获取了遥控器上按键和摇杆的值之后，本节我们通过编程控制电机运转。

第一步依然是添加设备，我们在端口10处连接一个电机，此时编程环境如图3.3所示。

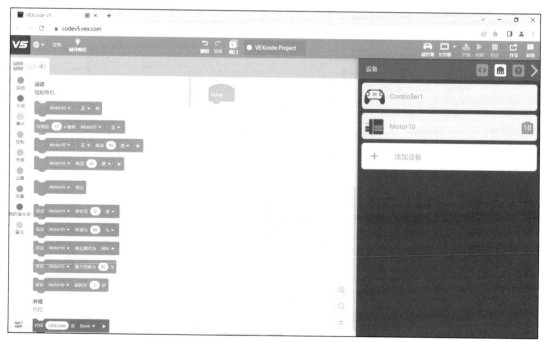

图3.3 添加电机

接着我们通过按键来控制电机的启动与停止，假设按下遥控器上的ButtonUp键，电机以50%速度运转，松开按键时电机停止，对应的图形化编程的过程如图3.4和图3.5所示。

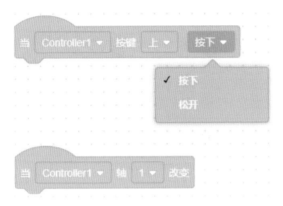

图3.4 选择对应的事件指令块   图3.5 通过遥控器按键控制电机的启动与停止

3.1.3 机器人简单移动

了解了遥控器产生的信号以及信号的范围，并学会了通过遥控器控制电机之后，下面我们来实现机器人的简单控制。

首先依照图3.6搭建一个简单的两驱机器人移动底盘。

分别将电机连接到Port1和Port10。然后编写程序，这里要实现的功能是通过通道3控制机器人前进后退，通过通道1控制机器人左转右转。

下一步是配置电机、遥控器。主控器端口配置见表3-1。

图3.6 搭建完成的简单机器人

表3-1 主控器端口配置1

端口	名称	是否反转
Port1	LeftMotor（左电机）	否
Port10	RightMotor（右电机）	是
Port6	Radio（天线）	—

在右电机配置界面中，需要选择"反向"（如图3.7所示），因为在安装过程中，左右电机是对称安装的，如果左侧电机顺时针旋转会让机器人左侧向前移动，那么右侧电机则是顺时针旋转时右侧向后移动，从机器人移动的角度来说，此时机器人并不会向前，而是会原地旋转。因此为了让正向都表示向前，就需要将右电机勾选反向。

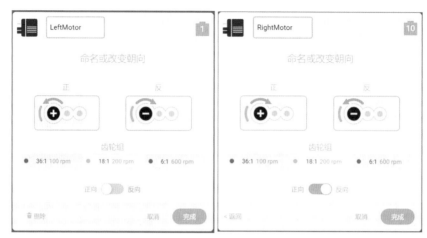

图3.7　在右电机配置界面中，需要选择"反向"

程序方面，先设置停止模式为滑行，在电机配置好之后，接着如何让小车的速度跟随摇杆的值变化呢？这里需要两个变量，Ch1和Ch3。将两个通道模拟量的值赋值给这两个变量，Ch1即为通道1的值，Ch3即为通道3的值。下面先来实现机器人的前进或后退。由于是通过通道3控制机器人前进或后退的，同时一个通道的模拟量范围为−100 ～ 100，因此只要将Ch3的值作为电机功率百分比的参数即可。此时程序如图3.8所示。

由于通道3中间的值为0，因此通过这个程序就可以实现电机的正反转，从而实现机器人的前进或后退。

实现机器人的前进或后退之后，再来看看机器人的左转或右转。机器人左转弯时，左电机后退，右电机前进，如图3.9所示。

图3.8　实现遥控机器人前进或后退的程序

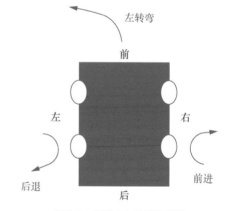

图3.9　机器人左转弯的情况

这种情况下，左电机的速度为负，右电机的速度为正。可以直接给左电机通道1赋值，然后给右电机赋与通道1的值相反的值。可以通过减法运算将一个数变为负值，比如

0–5得到的就是–5，如图3.10所示。同理也可以实现机器人右转。

图3.10　机器人左转时设定电机的速度

将实现机器人前进/后退和左转/右转的程序进行合并。

图3.11所示为错误的程序示例，这段程序会使电机卡住不动，因为一个电机由多个指令来控制时，程序无法正确地设置电机的转速。

正确的程序如图3.12所示。当小车前进时，Ch3为正时，左右电机的速度为正。当小车后退时，Ch3为负时，左右电机的速度为负。当小车左转时，Ch1为负时，左电机后退，右电机前进。当小车右转时，Ch1为正时，左电机前进，右电机后退。

图3.11　实现机器人移动的错误程序

图3.12　实现遥控机器人移动的正确程序

另外，由于遥控器摇杆使用时间长，摇杆在中间时返回的模拟量并不是0，这样可能会导致机器人底盘缓慢移动。因此在程序中最好设置一个阈值，推动摇杆时，只有摇杆的值大于阈值后，机器人底盘才会运动。

摇杆的值有正有负，因此设置绝对值就可以将正负的情况包含在内，不管摇杆往正方向偏移还是往负方向偏移都不会让机器人底盘移动。这里将阈值设置为20（阈值可以根据实际情况进行调整），对应的图形化程序如图3.13所示。

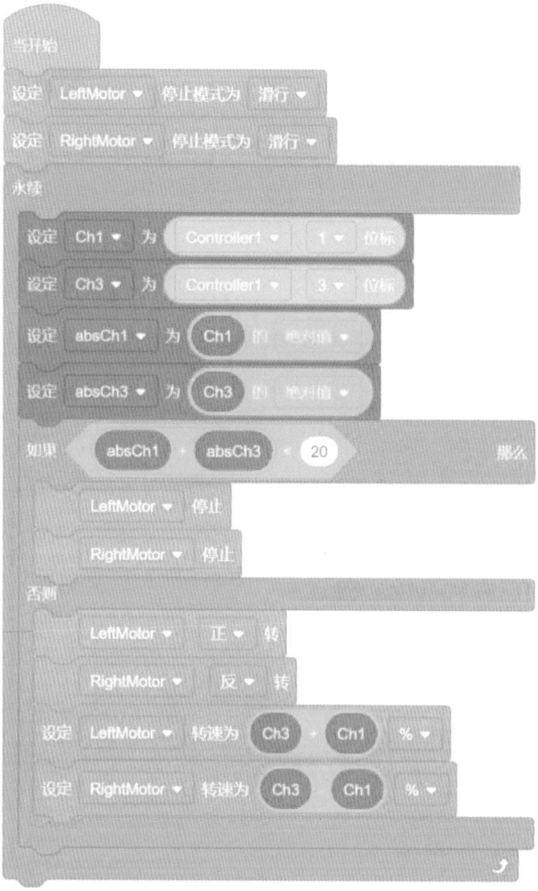

图3.13　设置了阈值的遥控机器人移动程序

3.2　复杂的控制方式

对于要执行某个任务的机器人，通常人们会在机器人移动底盘上添加一些别的机构。这样的机器人，其控制方式也稍微会复杂一些。本节我们就来控制一个带机械臂和夹持的机器人。

3.2.1　带机械臂和夹持的机器人

依照图3.14在两驱机器人移动底盘上添加机械臂和夹持。

注意： 由于机械臂受重力的影响，所以驱动机械臂的机构需要很大的扭矩，因此结构上采用了小齿轮带动大齿轮，通过齿轮减速结构来增大机械扭矩的方式。

图3.14　搭建完成后的带机械臂和夹持的机器人

端口方面，驱动机器人移动底盘的电机还是连接到Port1和Port10，而驱动机械臂和夹持的电机分别连接到Port8和Port3。对应主控器端口配置见表3-2。

表3-2　主控器端口配置2

端口	名称	是否反转
Port1	LeftMotor（左电机）	否
Port10	RightMotor（右电机）	是
Port3	ClawMotor（夹持）	是
Port8	ArmMotor（机械臂）	是
Port6	Radio（天线）	—

3.2.2　机械臂和夹持控制

V5智能电机的停止模式有3种，如图3.15所示。

这3种模式的具体介绍如下。

（1）刹车：电机立刻制动，但由于惯性，电机还会继续运转很短的一段时间。

（2）滑行：仅仅停止为电机提供能量但不会制动。

（3）锁住：电机立刻制动，若由于惯性，电机又运转了一段距离，则电机内的控制板会控制电机转回到制动时的位置。

对于机器人上的机械臂来说，由于受到重力的影响，所以机械臂可能会慢慢落下，因此为了保证机械臂的位置不变，应将控制机械臂的电机的停止模式设为"锁住"。

了解了V5智能电机的这个特性之后，下面我们通过程序控制机械臂和夹持。

这里依然是通过遥控器来控制，在程序上，要先设置电机的停止模式，将控制机械臂和夹持的电机的停止模式都设为"锁住"，然后将这两个电机编码器的初始值设置为0（如图3.16所示，这表示初始状态为0度）。操作方面，用遥控器的按键L1控制机械臂抬起，用按键L2控制机械臂落下，当松开按键的时候电机停止。这属于点动的控制方式，图形化程序如图3.17所示。

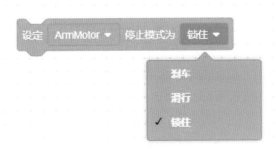

图3.15　V5智能电机的停止模式

图3.16　电机初始化程序

下载程序，然后我们就可以通过遥控器的按键控制机械臂了。不过你可能会发现一个问题，当机械臂转的角度太大时，整个机器人前面的轮子就会翘起来，甚至是整个机器人都翻了。因此还需要在程序中设置必要的"电机角度保护"。

为了获取控制机械臂的电机转动的角度，可以先通过程序获取并显示电机编码器角度的值，对应图形化程序如图3.18所示。

可以新建一个名为"力臂程序"的指令块，把机械臂相关的指令块组合在一起，方便修改与查看。这样，在主程序中调用力臂程序即可。力臂程序如图3.19所示。

下载程序，然后控制机械臂抬起。当机械臂抬到最大位置时，记录对应的值。假设是630，那么可以把630设为临界值，力臂只能在0 ~ 630这一范围内活动（转到630°是因为结构上采用了小齿轮带动大齿轮的形式）。角度保护程序如图3.20所示。

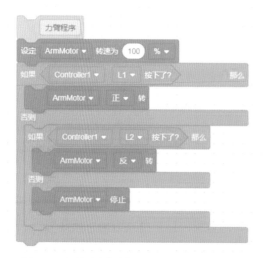

图3.17　机械臂的点动控制方式对应的图形化程序

图3.19　力臂程序

图3.18　获取并显示电机编码器角度的值对应的图形化程序

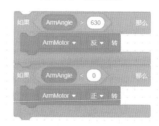

图3.20　角度保护程序

这里还判断了最小值，当机械臂的角度值低于0时，就让机械臂的角度值回到0以上，防止电机堵转。

按照相同的方法来完成夹持程序。夹持的控制也采用点动的控制方式，通过按键R1控制夹持打开，用按键R2控制夹持关闭，松开按键时停止。同样也在主控器的屏幕上显示夹持的角度，不过这个值要显示在第二行。夹持程序如图3.21所示。

夹持不能无限地打开与关闭，因此在图3.21的夹子程序中也设置了角度保护。控制夹持的电机只能在0 ~ 90的范围以内活动。控制这个带机械臂和夹持的机器人的程序如图3.22所示。

图3.21 夹持程序

图3.22 控制机器人的完整程序

此外，还需要注意以下细节。

（1）控制机械臂和夹持电机的停止模式。

（2）初始化时控制机械臂和夹持电机的位置。

（3）屏幕显示的变量是否为正数，如果不是正数，就需要调整电机配置界面的正反转设置。

（4）电机角度保护程序的设计。

3.2.3 控制电机转至某个角度

在3.2.2小节的基础上，本节我们来设置一个快捷键，通过这个快捷键能够让机械臂直接抬升到指定的高度。对应的需要用到"转至xx度"的指令块，如图3.23所示。

这个指令块的功能是让电机转到指定的角度，这个角度是相对于0°的绝对角度，是从电机编码器重置为0°的指令块执行之后开始计算的角度。这里要注意该指令块与"正/

反转xx度"指令块的区别，"正/反转xx度"指令块（如图3.24所示）中的角度是相对角度，是在当前角度的基础上再转的角度。

我们以按键"X"作为快捷键，假定目标角度为300°，则对应的程序如图3.25所示。

将以上程序放在力臂程序中，最终的力臂程序如图3.26所示。

图3.23 "转至xx度"的指令块

图3.24 "正/反转xx度"指令块

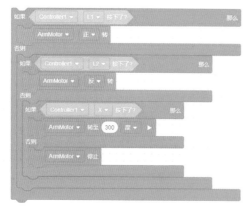

图3.25 增加快捷键的程序

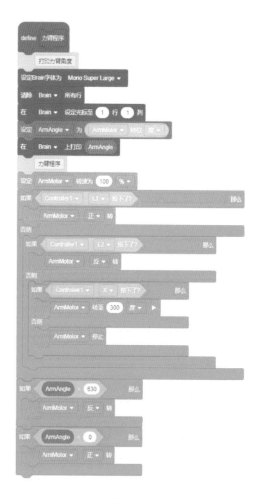

图3.26 最终的力臂程序

3.3 竞赛程序

在VEX竞赛当中，为了保证比赛的公平性，参赛选手必须将遥控器与一个场控交换机连接。场控交换机能够控制遥控器是否发送数据给主控器，从而实现对比赛的统一控制。

1. 场地控制交换机

图3.27所示的VEXnet Competition Switch是一个简易的场地控制交换机，它有两个转换开关和4个接口，能够同时连接4个遥控器。

两个转换开关中，左侧的为"ENABLE"（启用）与"DISABLE"（关闭）转换开关，右侧的为"DRIVER"（手动控制）与"AUTONOMOUS"（程序自动运行）开关。

在编写竞赛程序时，需要编写两块程序：遥控程序和自动控制程序。这里当场地控制交换机的两个转换开关状态为"ENABLE"和"AUTONOMOUS"时，主控器会运行指令块"当自控"之后连接的程序块。而当两个转换开关状态为"ENABLE"和"DRIVER"时，主控器会运行指令块"当遥控"之后连接的程序块。

2. 竞赛程序

在2.2.3小节当中，我们只是在"模板"中选择了其中的"竞赛模板"，并没有具体实现任何功能。本节我们就来完成一个简单的竞赛程序。因为我们只是控制机器人移动，所以可以使用之前两驱的机器人移动底盘，也可以使用3.2节中的带机械臂和夹持的机器人。

这里我们假设机器人自动运行时执行的操作为以50%的速度向前移动5秒，初始化程序及自动控制程序如图3.28和图3.29所示。

图3.27 VEXnet Competition Switch   图3.28 竞赛程序中的初始化程序

如2.2.3小节所述，初始化程序放在"当开始"指令块的下方，自动控制程序放在"当自控"指令块的下方。遥控程序放在"当遥控"指令块的下方，参考3.1.3小节的内容，遥控程序如图3.30所示。

图3.29 竞赛程序中的自动控制程序   图3.30 竞赛程序中的遥控程序

第4章

■■■

传感器的使用

第3章中，我们主要是通过遥控的形式来让机器人移动，编好的竞赛程序让机器人前进了5秒。但这种行为肯定谈不上"智能"，"智能"行为需要机器人实现对环境的感知，我们在第一章中介绍了很多常用的传感器，本章介绍主要传感器的使用方法。

4.1 超声波传感器

4.1.1 传感器接口

VEX超声波传感器的测量距离范围为30 ~ 3000mm。传感器有两个三线插头，如图1.4所示，需要接入主控器上相邻的两个三线插口，比如AB或者BC。这两个接头中一个是输入，一个是输出，其中黄色是输入（INPUT）端的信号线，用于接收来自于主控器的触发信号；橙色是输出（OUTPUT）端的信号线，当传感器收到触发信号之后，就会发出超声波，同时改变输出端信号的状态，接着当收到回波后再次改变输出端信号的状态。主控器就是通过输出端信号变化的时间差来计算得到前方障碍物与传感器的距离的。在连接传感器时需要注意，橙色（OUTPUT）在前，黄色（INPUT）在后，比如橙色接A，黄色接B。

在编程环境中使用这种三线插头的传感器时要注意，当选择了"添加设备"之后，要选择最后一项"3-WIRE"，它代表三线插头的传感器，如图4.1所示。

然后在进一步出现的设备列表中选择相应的传感器，比如这里选择的是"RANGEFINDER"，即超声波传感器，如图4.2所示。

接着再选择对应传感器连接的三线插口，如图4.3所示。对于超声波传感器来说，一次需要选择两个相邻的插口。注意，在编程环境中也有提示，选择端口，先输出，再输入，即输出接在前面的端口，输入接在后面的端口。

图4.1 选择最后一项
"3-WIRE"

图4.2 选择三线插头的
超声波传感器

图4.3 选择主控器的三线插口

4.1.2 障碍物检测

在一个两驱机器人移动底盘前方安装一个超声波传感器。本节我们要实现的功能是：当超声波传感器检测到机器人与墙面的距离大于500mm时机器人前进，距离小于500mm则停下。

这里提供两个参考程序，如图4.4和图4.5所示。

图4.4 参考程序1

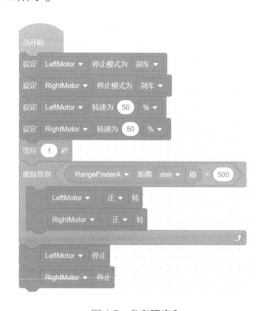

图4.5 参考程序2

参考程序1：开始让机器人以50%的速度前行，等待1s后进入"当"循环（等待1s是为了避免开始运行程序时，超声波传感器启动产生的干扰），在循环中不断地判断超声波传感器检测到的机器人与墙面的距离。"当"循环表示，如果这个距离大于500mm，则一直循环，而当这个距离不大于500mm时，跳出循环，执行之后的指令块让电机停止。注意这里在

"当"循环中有一个等待0.5s的指令块，这是为了避免主控器触发超声波传感器过于频繁。

参考程序2：开始时，不让机器人前进（不过设定了转速为50%），然后等待1s后进入"直到"循环，在循环中不断地判断超声波传感器检测到的机器人与墙面的距离。"直到"循环表示，如果这个距离小于500mm，则跳出循环，机器人停止，否则的话就一直循环，循环就表示让机器人前进。

4.1.3 跟随机器人

跟随机器人实现的功能是：当检测到机器人与墙面的距离小于500mm时，机器人后退；当检测到距离大于700mm时，机器人前进；当距离为500～700mm时，机器人停止。即跟随机器人始终跟着前方的物体且保持一段距离。

跟随机器人的参考程序如图4.6所示。

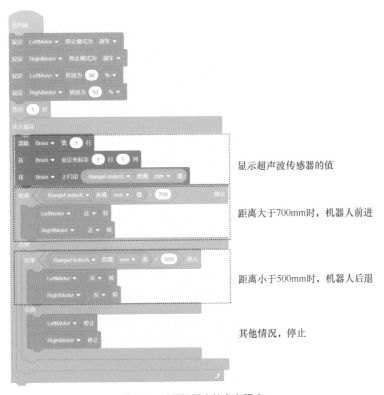

图4.6 跟随机器人的参考程序

这段程序中使用了两个"如果……否则"指令块，同时会在主控器的屏幕上显示对应的距离值。

4.2 光电编码器

4.2.1 传感器接口

光电编码器可用于测量轴的相对位置、旋转角度、旋转方向以及旋转速度，了解这些参数可以帮助我们实现"机器人执行自主任务"。一个光电编码器内有两个光电检测装置，所以对应的也有两个三线插头，同样的，这两个插头也需要接入主控器相邻的两个三线插口，比如AB或者BC。不过这两个插头都是输出插头，若接好光电编码器之后，读取的旋转角度为负数，则将两根线的位置互换，读取的旋转角度就是正数。同理，如果获取的旋转角度为正数，那么将两根线的位置互换，则读取的旋转角度就为负数。

通过光电编码器对应的指令块能够获得轴的位置和转速，如图4.7和图4.8所示。这里可以选择角度单位和圈数单位，而转速的单位可以选择dps[度每秒(rad/s)]和rpm[转每分钟(r/min)]。

注意，这里的角度值是一个相对值，我们可以通过图4.9所示的指令块来设定0°的位置。可以转到任何角度，然后设定为0°，之后的角度都以这个位置为基准。

图4.7　获得光电编码器角度值的指令块　　　图4.8　获得光电编码器转速值的指令块　　　图4.9　光电编码器指令块设定0度角的位置

4.2.2　对比光电编码器和电机编码器的值

依照图1.3安装光电编码器之后，可以在机器人移动时，通过程序同时显示光电编码器和电机编码器的值，观察二者是否相同。参考程序如图4.10所示。

图4.10　对比光电编码器和电机编码器的值

4.2.3 让机器人前进到目标值位置

通过光电编码器还可以让机器人前进到目标值位置。参考程序如图4.11所示。

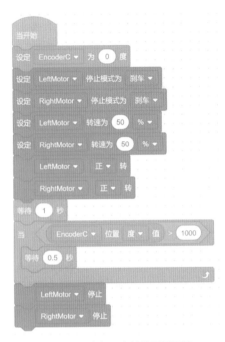

图4.11 让机器人前进到目标值

具体的程序是：首先让机器人以50%的速度前行，然后在循环中一直判断光电编码器的角度值，当这个角度值大于1000时，跳出循环，执行后面的电机停止指令块。

4.3 惯性传感器

4.3.1 传感器安装说明

惯性传感器是三轴加速度计和三轴陀螺仪的组合，可用于测量传感器姿态的变化。传感器的安装孔前面有一个小凹痕，用于标记传感器的参考点。对应参考点与加速度计和陀螺仪各个轴向的关系如图4.12所示。

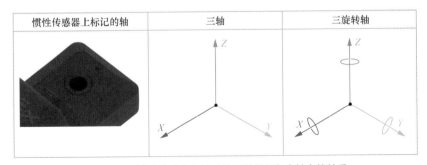

图4.12 对应参考点与加速度计和陀螺仪各个轴向的关系

图4.12中，中间的坐标为加速度计的坐标系，注意这几个轴向是确定的，最终传感器返回的加速度值是实际的变化量在这几个轴向上的分量。比如地球上的任何物体都会受到地球重力加速度的影响，那么如果将传感器水平安装在机器人上，那么重力加速度就完全分配到Z轴的负方向上，此时就会得到Z轴的值为负的重力加速度，而如果将传感器完全反过来，那么重力加速度就完全分配到Z轴的正方向上，此时就会得到Z轴的值为正的重力加速度。同理，如果传感器是斜着安装的，那么重力加速度就会分配到两个轴向甚至是3个轴向上。

图4.12中，右侧为陀螺仪的旋转方向示意图，陀螺仪的旋转方向遵循右手法则，即如果右手的拇指指向轴的正方向，则其他手指将指向旋转的正方向，如图4.13所示。右手法则中传感器的轴线与机器人的轴线对齐很重要。注意，对于测量角速度来说，对齐就可以，不用将传感器安装在旋转点上。

图4.13　陀螺仪的旋转正方向
遵循右手法则

对于整个机器人来说，传感器的安装位置也会决定机器人旋转的正方向。假设安装惯性传感器时，让传感器的X轴正方向指向前，Y轴正方向指向右，Z轴正方向指向下（如图4.14左侧所示），那么如果让机器人沿Z轴正方向旋转，则机器人将会顺时针旋转。而如果安装惯性传感器时，让传感器的X轴正方向指向前，Y轴正方向指向左，Z轴正方向指向上（如图4.14右侧所示），那么如果让机器人沿Z轴正方向旋转，则机器人将会逆时针旋转。

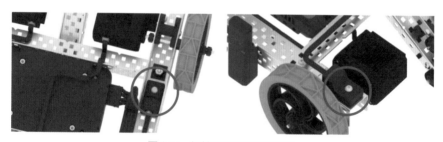

图4.14　惯性传感器安装示意图

4.3.2　检测传感器

惯性传感器采用智能端口与主控器相连的形式。传感器连接之后，我们可以在V5主控器上的"Devices"（设备）菜单中看到对应的图标，如图4.15所示。

如果单击对应的传感器图标，就会看到图4.16所示的界面。

这个界面中会显示对应传感器的值，同时右侧会有一个可以旋转的三维立方体，当我们前后、左右、上下移动惯性传感器时，这个立方体也会相应地转动。

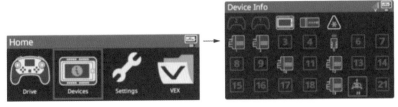

图4.15　V5主控器上的"Devices"（设备）菜单

使用惯性传感器时，通常需要一定的时间进行初始化，这段时间是陀螺仪建立其参考点（校准）的时间，因此最好让传感器保持静止的状态。注意，建议使用2秒作为校准时间，或在竞赛前完成传感器的校准。在VEXcode V5编程环境或者C++语言形式的环境中使用惯性传感器的时候，也需要进行校准。

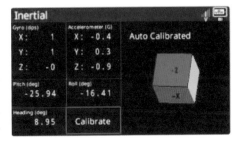

图4.16　惯性传感器信息

4.3.3　惯性传感器的常见用途

惯性传感器配合程序运行可以产生许多测量值，包括航向、旋转量、旋转速率、方向和加速度等。这些测量值可用于调整机器人的行为，让机器人的动作更精准。惯性传感器的常见用途如下。

- 确定方向：即判断机器人在移动过程中是否始终面向某个固定的方向，这对于保证机器人沿直线运动非常有利。
- 旋转指定的角度：即控制机器人转动指定的角度，也可以理解为判断机器人是否面向了某个指定的方向。
- 确定姿态：地球上的物体都会受到重力的影响，因此，通过测量重力加速度在各个轴向上的分量就能够确定机器人的姿态。
- 摆锤：将惯性传感器安装到一个较长的金属结构上，然后用轴或肩螺钉将金属结构的另一端连接到固定的塔架上，使这个金属结构像摆锤一样向下摆动。接着将传感器的加速度值在主控器的彩色触摸屏上显示。建议学生多探索摆锤末端加速度的变化。
- 滚筒机器人：指制作一个能上下颠倒行驶（即底面朝上也能行驶）的机器人，建议学生研究一下在机器人颠倒行驶时行为的变化。
- 保证机器人的稳定：机器人在展开机械臂抬升重物或试图爬上障碍物的过程中，会不断地检测传感器的数值。当机器人发现有可能出现倾翻的情况时，会停止相应的动作并依照程序执行相应的纠正措施（如果有纠正程序的话）。

无论惯性传感器怎么使用，它都对机器人执行任务来说非常有帮助。

4.3.4　让机器人转90°

本节是实现机器人旋转90°的实例，要求旋转的过程中将旋转的值显示在主控器的屏幕上。参考程序如图4.17所示。

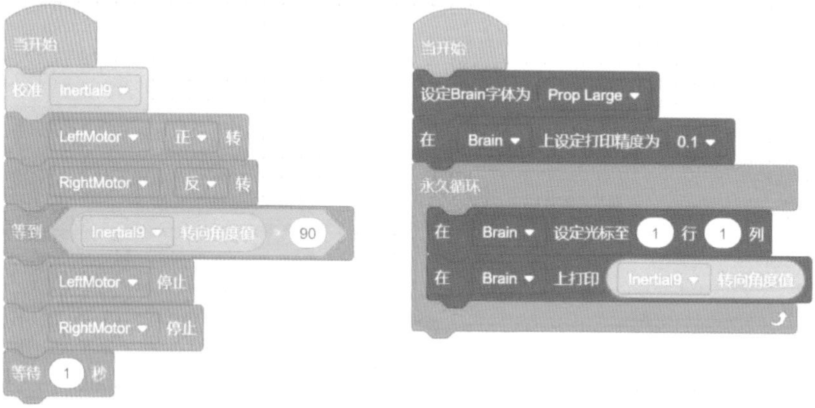

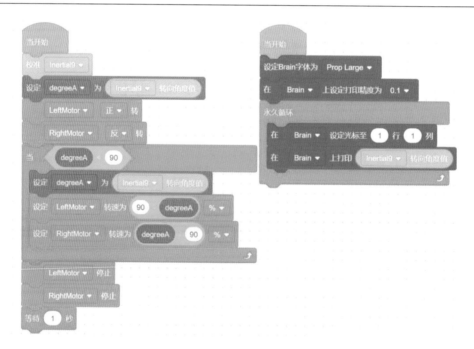

图4.17　机器人旋转90°的参考程序

注意： 实际运行程序的时候，显示的值可能会超过90°，这是因为惯性导致角度偏移。解决这个问题的方法是把陀螺仪的角度与速度建立关联，也就是角度越接近目标值，速度越慢，修改后的程序如图4.18所示。

图4.18　陀螺仪的角度与速度建立关联的程序

建立关联之后的准确性应该能够达到89°，这个误差就比较小了，后期可以通过PID算法更加精准地控制（见4.3.5小节）。

4.3.5 利用PID算法让机器人走直线

在控制过程中，我们通常会根据被控对象反馈的实时数据来调整发送给被控对象的控制信号，这个调整的过程需要进行一定的运算，而集比例（Proportional）、积分（Integral）和微分（Differential）3种环节于一体的控制算法就被称为PID算法。它是连续系统中最为成熟、应用最为广泛的一种控制算法，该控制算法出现于20世纪30至40年代，适用于对被控对象模型了解不充分的场合。实际运行的经验和理论分析都表明，运用这种控制规律对许多工业过程进行控制时，都能得到令人满意的效果。

PID算法具有原理简单、易于实现、适用面广、控制参数相互独立、参数的选定较为简单等优点，其控制过程如图4.19所示。

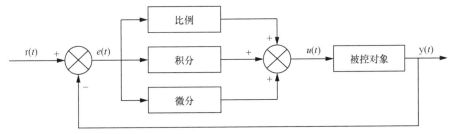

图4.19 PID控制过程示意图

PID算法中的3个重要的参数如下。

（1）比例系数：指控制系统的调节量和被控对象输出值的偏差之间的比例关系，通常用Kp表示。

（2）积分时间：指控制系统消除静态误差的时间，通常用T_I表示。

（3）微分时间：指控制系统根据偏差的变化趋势预先给出的适当纠正的时间，通常用T_D表示。

对于PID这几个部分说明如下。

（1）比例（P）

比例环节的作用是使控制系统对偏差瞬间做出反应。偏差一旦产生，控制系统将立即产生控制作用，使控制量向减少偏差的方向变化。控制作用的强弱取决于比例系数Kp，比例系数Kp越大，控制作用越强，过渡越快，控制过程的静态偏差也就越小。但是Kp越大，也越容易产生振荡，破坏系统的稳定性。因此，比例系数Kp必须恰当，才能实现过渡过程短、静差小且稳定的效果。

（2）积分（I）

积分环节的调节作用虽然会消除静态误差，但也会降低系统的响应速度，增加系统的超调量，甚至使系统出现振荡。积分作用的强弱，取决于积分时间常数Ti，Ti越大积分作用越弱，反之则越强。增大积分常数Ti会减慢静态误差的消除，消除偏差所需的时间也较长，但可以减少超调量，提高系统的稳定性。在积分时间足够的情况下，可以完全消除静差，这时积分控制作用将维持不变。

（3）微分（D）

实际的控制系统除了希望消除静态误差外，还要求加快调节过程。在偏差出现的瞬间或在偏差变化的瞬间，控制系统不但要立即对偏差量做出响应（比例环节的作用），而且要根据偏差的变化趋势预先给出适当的纠正。为了实现这一作用，可在使用PI控制器的基础上加入微分环节。微分环节的作用是阻止偏差的变化。它根据偏差的变化趋势（变化速度）进行控制。偏差变化越快，微分控制器的输出就越大，并能在偏差值变大之前进行修正。微分作用的引入，将有助于减小超调量，克服振荡，使系统趋于稳定，对于高阶系统非常有利，它加快了系统的跟踪速度。但微分对输入信号的噪声很敏感，在噪声较大的系统中一般不使用微分，或在微分起作用之前先对输入信号进行滤波。

下面将利用PID算法中的P算法，结合惯性传感器实现机器人走直线的目标，具体操作流程如下。

- 设置目标值。如果是让机器人走直线的话，就是让惯性传感器保持某一方向（比如0°的方向）。
- 设置比例系数Kp。
- 获取目标值与实际值之间的差值（error）。
- 修正误差，把误差跟左右电机的速度关联起来，如果存在误差，那么进行校正，左电机速度为10-error，右电机速度为10+error。对应参考程序如图4.20所示。

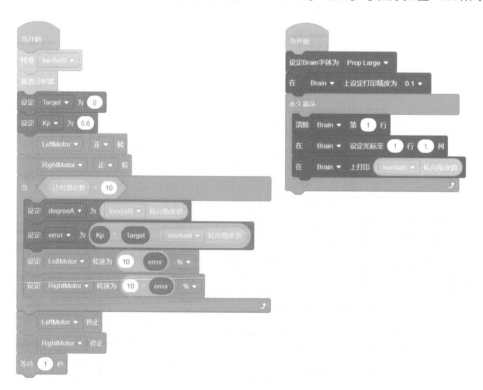

图4.20　让机器人走直线的参考程序

这种思路可以应用到很多任务中，比如在2019–2020年的VEX EDR "Tower Takeover"

（七塔奇谋）机器人竞赛中，参赛机器人在竖直堆放方块时，越接近目标值，电机速度越慢，这可以用电机的编码器进行改善，当到达编码器设定的值时，速度变慢或者阶跃性递减。也可以尝试把陀螺仪放在斜坡上，利用陀螺仪角度关联速度。

最后对于机器人的姿态变化再稍微说明一下，机器人在原地的左转右转被称为Yaw（偏移），机器人上下斜坡时前端的向上或向下被称为Pitch（俯仰），而机器人左右两侧轮子不一样高导致的机器人倾斜被称为Roll(横滚)。如图4.21所示。

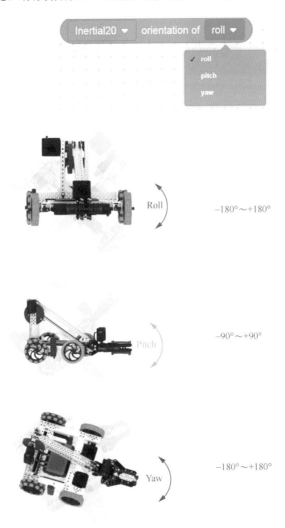

图4.21　机器人的姿态变化

4.4　触碰开关

4.4.1　传感器接口

触碰开关通常用于判断机器人的部件是否运动到极限位置或是否碰到障碍物。图4.22所示为判断机械臂是否运动到极限位置，图4.23所示为判断机器人后方是否碰到障碍物。传感器的接口为一个三线插头，当开关按下时，将返回一个低电平到主控器；而当开关未按下时，将返回一个高电平到主控器。

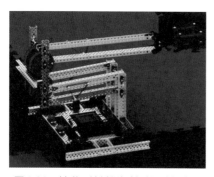

图4.22　触碰开关判断机械臂运动的应用

图4.23　触碰开关检测障碍物的应用

4.4.2　围界检测

本节中，我们来实现一个机器人对于围界的检测。我们在机器人的前方和后方各安装一个触碰开关，运行程序让机器人前进，当前方触碰开关碰到围界时，机器人后退；当后方触碰开关碰到围界时，机器人往前走1s后停止运行。参考程序如图4.24所示。

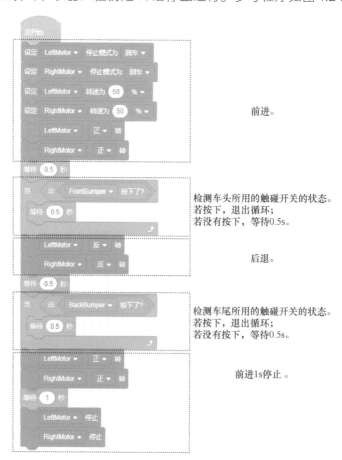

图4.24　围界检测参考程序

4.4.3　启动按钮

实现了上一个示例之后，本节来以触碰开关作为启动按钮，启动自动控制程序。即当按下触碰开关，程序自动运行，运行时间为20s，20s后退出自动控制程序。程序流程如下。

- 初始状态在主控器屏幕第一行显示"No Press"，表示当前触碰开关没有按下。
- 在循环中不断地判断触碰开关是否按下，如果按下则跳出循环，显示"Press"，表示触碰开关按下。
- 广播命令触发另一段程序块。
- 重置计时器，在20s的时间内执行循环内的语句，当时间大于20s，退出循环时，电机停止。

以上流程对应的参考程序如图4.25所示。

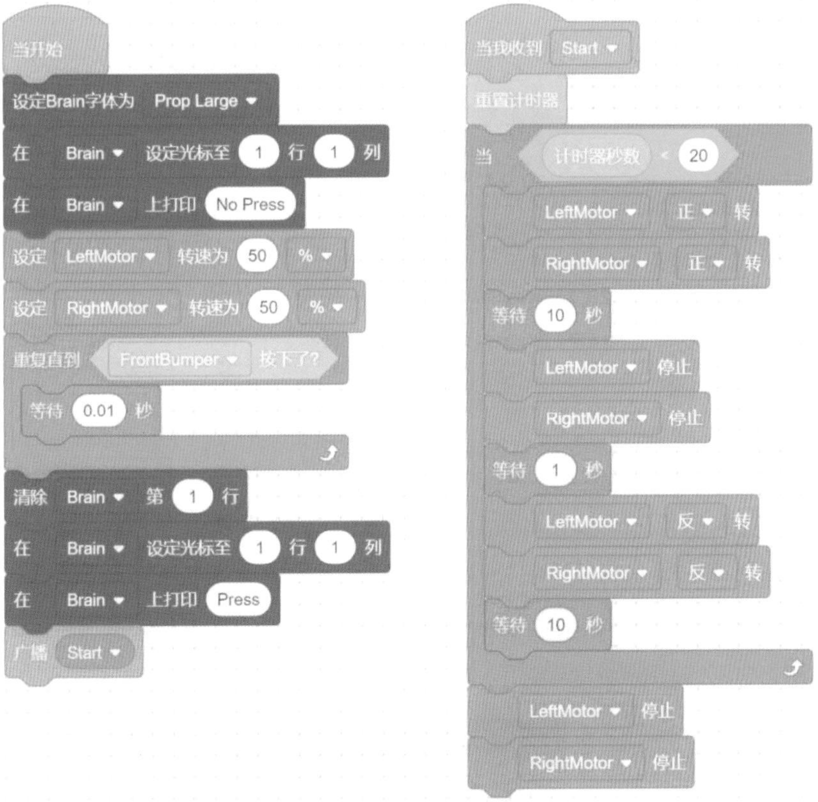

图4.25　以触碰开关作为启动按钮的参考程序

如果我们希望机器人在执行完自动控制程序之后，变成遥控状态，那么可以在上边的程序基础上添加遥控程序。修改的操作是首先把"广播Start"指令块改成"广播Start并等待"指令块，然后加上"广播control"指令块，同时完成"接收到control"之后的指令块。参考程序如图4.26所示。

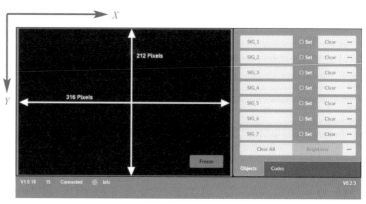

图4.26　添加遥控程序

注意： 如果没有把"广播Start"指令块改成"广播Start并等待"指令块，那么"广播Start"指令块被执行之后，机器人会马上执行"广播control"指令块，这样的话自动程序将不会被执行。

4.5　视觉传感器

　　视觉传感器的水平方向分辨率为316px，垂直方向分辨率为212px，如图4.27所示。整个视觉区域原点坐标在左上角，然后往右移动，X坐标从0开始增加，最大值为315，往下移动 Y 坐标从0开始增加，最大值为211。

图4.27　视觉传感器视觉区域

4.5.1 设置视觉传感器

使用视觉传感器前首先需要设置。

先将视觉传感器与V5主控器连接，同时通过Micro-USB线将传感器直接连到计算机上，如图4.28所示。

然后打开VEXcode V5编程环境，在"添加设备"中选择"VISION"（视觉传感器），此时会出现如图4.29所示的界面。

图4.28　视觉传感器连接方式

单击界面中的"设置"按钮，此时系统会弹出图4.30所示的设置界面。这里假设我们要识别绿色的立方块。

图4.29　视觉传感器设置菜单

图4.30　选择"VISION"后的界面

视觉传感器可以设置8种独立的颜色标签，如果要设置标签，可以在图4.31所示的界面中单击"Freeze"按钮。单击后按钮会变成绿色，整个画面定格，如图4.31所示，这样可以方便地通过右侧的复选框勾选需要识别的物体的颜色。

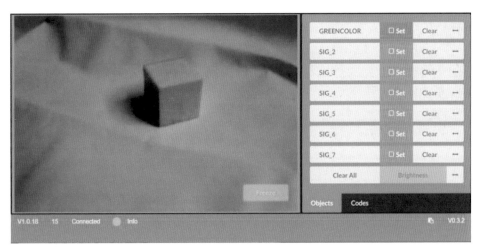

图4.31　视觉传感器界面定格

在静止的画面上选择需要识别的颜色。用鼠标框选一个区域，如图4.32所示。这里的红框区域就是需要识别的物体所在的区域，选完之后，界面右侧的"Set"选择框都会变成绿色，我们需要为当前的颜色选择一个标签。

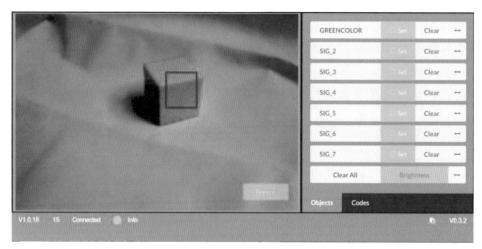

图4.32 视觉传感器界面框选物体

选择了"Set"选择框后，所有的"Set"选择框又都变成了蓝色，同时界面中识别的物体所在的区域也会发生变化，在识别立方块的左上角会出现标签、坐标和大小信息，如图4.33所示。如果没有出现标签、坐标和大小信息，则说明没有识别成功，需要重新对所识别的立方体进行勾选。

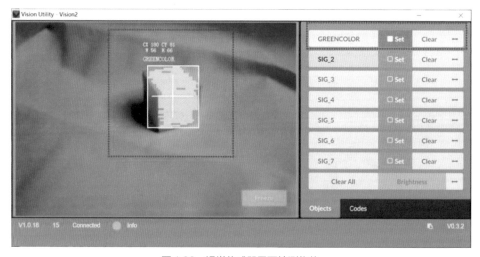

图4.33 视觉传感器界面检测物体

图4.33识别物体后显示的信息中，CX代表CenterX坐标，即所识别物体中心点的X坐标；CY代表CenterY坐标，即所识别物体中心点的Y坐标；W代表所识别物体的宽度；H代表所识别物体的高度。

识别成功后，再次按下"Freeze"按钮，取消冻结。此时当移动物体时，视觉传感器就能够进行实时检测了，如图4.34所示。

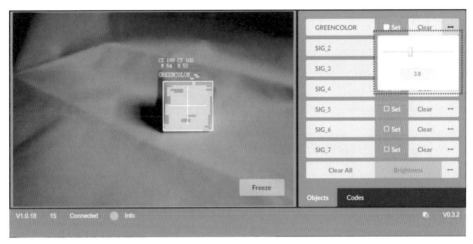

图4.34　视觉传感器实时检测界面

另外，在设置界面中，最右侧有一列"↔"，在这里可以选择识别物体的像素大小，数字越大，识别的物体的像素越大，但干扰也随之增大，可能会识别到其他区域的相似颜色。图4.34中选择的数值为3.8，图4.35中选择的数值为10。通过对比可以看出，选择数值10之后，识别结果的范围更大，识别的区域更多。

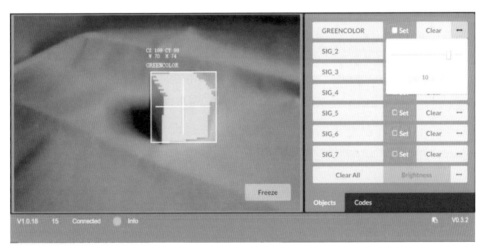

图4.35　改变视觉传感器识别颜色值范围

4.5.2　视觉传感器的指令块

设置好视觉传感器之后，就可以通过程序使用视觉传感器的指令块了。

一般最先使用的指令块为"拍照"指令块，如图4.36所示。

"拍照"指令块将从视觉传感器的当前画面中捕捉待识别的颜色标签。如果视觉传感器通过拍照检测到了对应的颜色标签，那么可以通过"对象数目"指令块（如图4.37所示）和"对象存在？"指令块（如图4.38所示）获取检测到的物品数量和获知是否检测到待识别的物品。当检测到多个物品时，可以通过"设定对象标号"指令块（如图4.39

所示）来指定其中一个物品对象。

图4.36 "拍照"指令块

图4.37 视觉传感器对象数目指令块

图4.38 视觉传感器检测对象存在指令块

图4.39 设定对象标号指令块

当确定检测到物品对象后，可以使用图4.40所示的"对象"指令块来获取物品对象的具体信息，包括中心点坐标、物品对象大小以及夹角。

4.5.3 物品跟随机器人

设置好视觉传感器并了解了编程环境中的指令块之后，本节我们来制作一个跟随物品移动的机器人。

图4.40 视觉传感器获取检测对象具体信息的指令块

第1步，设置视觉传感器，标记好需要识别的物体，然后通过程序进行检测，如果检测到标记物体，则在主控器屏幕上显示"Have Object"，如果没检测到标记物体，则显示"No Object"，参考程序如图4.41所示。

第2步，通过程序让标记的物体以长方形的形式显示在主控器屏幕上。当移动标记物体时，屏幕中的长方形也要变化，反映当前物体的位置。注意，由于指令块反馈的信息只有物品对象的中心坐标和大小，所以在主控器屏幕上绘制长方形时需要计算得到长方形左上角的坐标，左上角坐标与中心点坐标之间的关系如图4.42所示。

图4.41 在主控器的屏幕上显示
是否检测到物品的参考程序

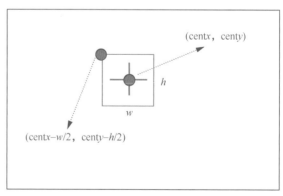

图4.42 物体坐标分析

对应的参考程序如图4.43所示，而最终主控器上显示的效果如图4.44所示。

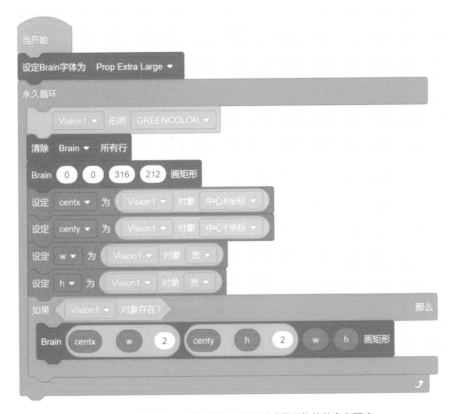

图4.43 在主控器屏幕上以长方形的形式显示物体的参考程序

第3步，把视觉传感器装在机器人移动平台的前方，此时可以将视觉检测的区域分为3个部分，如图4.45所示。其中，中心位置为物品的目标位置，如果被识别物品在这个位置上时，机器人静止；而当物品处在"1"的位置时，机器人左转；当物品处在"2"的位置时，机器人右转；当物品处在"3"的位置时，机器人前进。

图4.44 物体在主控器屏幕上显示的效果

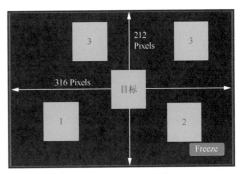

图4.45 物体在各个区间的情况分析

最终，物品跟随机器人对应的参考程序如图4.46所示。

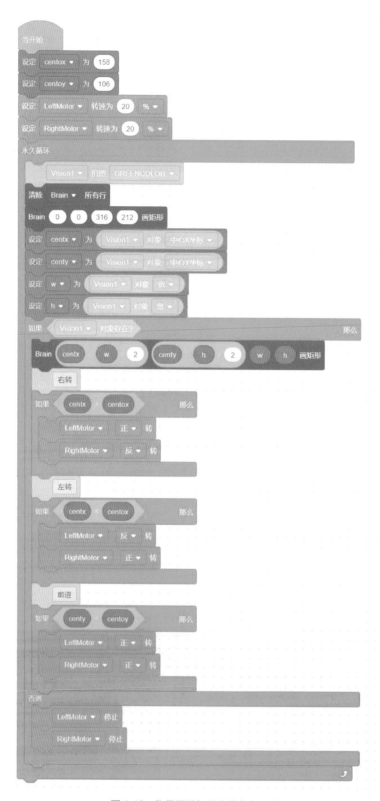

图4.46　物品跟随机器人的参考程序

第5章

VEX竞赛

本章将介绍VEX 2020—2021年度的Change Up竞赛和2021—2022年度的Tipping Point竞赛。

5.1 Change Up竞赛规则解读

1. 场地介绍

Change Up竞赛中文名为"合纵连横",竞赛在图5.1所示的365.76cm x 365.76cm的正方形场地上进行。两支联队(红队和蓝队)各由两支赛队组成(每个赛队中有一个机器人),场地的要素如下。

- 32个Ball(球)。球为表面有凹坑、直径为6.3in(约160mm)的中空球形塑料物体,如图5.2所示。其中16个红色球,包括红方联队的两个预装球。16个蓝色球,包括蓝方联队的两个预装球。
- 9个Goal(目标框)。目标框为圆柱体结构,如图5.3所示,将球放入目标框之内将得分。其高度为18.41in(约467.6mm)、内径为7.02in(约178.3mm)。机器人除了可将球放入目标框之外,还可以从目标框的底部将球取出。

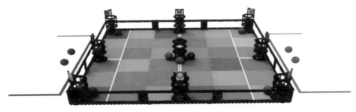

图5.1 "合纵连横"竞赛场地图

图5.2 得分物——球

图5.3 放置球的目标框

2. 得分规则

竞赛中机器人将与本队颜色相同的球放入目标框当中得1分，如图5.4左图所示。完成一次Connected Row（连通行），得6分，如图5.4右图所示。另外，比赛过程包含前15 秒的自动赛时段和后1分45秒的手动控制时段，如果联队在自动赛时段胜出，则会得到6分奖励。自动赛时段平局时，双方各获得3分奖励。

图5.4　得分说明

3. 得分判定

在 Change Up 竞赛中，得分的判定规则如下。

（1）球的得分判定

- 球未与本队机器人接触。
- 球完全或部分在目标框的外边缘内。
- 球完全在目标框的上边缘以下。
- 球不接触目标框外的泡沫垫。

注意： 固定环的外边缘被视为目标框的外边缘。最顶端固定环的上边缘被视为目标框的上边缘。

（2）目标框的占据状态

当目标框内垂直位置最高得分的球的颜色与某联队颜色相同，则此目标框被视为被该联队占据。具体情况如图5.5所示。

（1）正常得分，
蓝方占据

（2）蓝方不得分，
红方占据

（3）顶端红球不得分，
其余得分，蓝方占据

图5.5　目标框的占据状态

（3）Connected Row（连通行）的得分判定

3个目标框连成的一条线被称为Row，Change Up竞赛场地内的9个目标框共有3条横线、3条纵线、2条斜线，即8条Row，如图5.6所示。当同一联队占据的目标框连成一条Row时，就称为Connected Row（连通行），此时该联队获得6分的加分。

对于Connected Row来说，不同位置的目标框重要性也不一样，说明如下。

（1）中心的目标框：4条Connected Row的共同组成部分（如图5.7所示）。

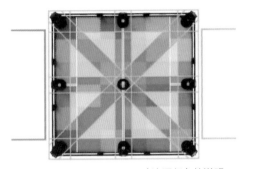

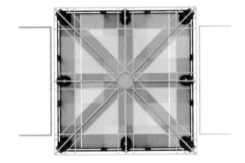

图5.6　Connected Row（连通行）的说明　　　　图5.7　中心目标框

（2）边角的目标框：3条Connected Row的共同组成部分（如图5.8所示）。

（3）边线的目标框：2条Connected Row的共同组成部分（如图5.9所示）。

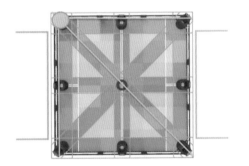

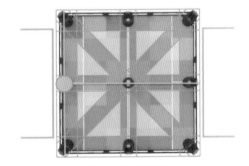

图5.8　边角目标框　　　　图5.9　边线目标框

4. 比赛开始前阶段

赛局开始时，每台机器人不得超出18in（457.2mm）长、18in（457.2mm）宽、18in（457.2mm）高的立体空间。比赛开始后，机器人可以伸展，超出这个尺寸的限制。

机器人在场地中的摆放的位置要求如下。

（1）机器人必须摆放在其本方区域内，如图5.10所示。

（2）不接触联队本方区域外的灰色场地泡沫垫。

（3）除预装球以外，不接触任何球。

（4）不接触其他机器人。

（5）接触且只能接触一个预装球。

（6）预装球必须完全在场地围栏内。

（7）预装球不能超过目标框的垂直投影空间，即预装球不能在目标框内或其上。

另外，如果联队中某个机器人在赛局中没有上场，其预装球会被放在离本方区域中间双胶带线最近的灰色泡沫垫的中心，如图5.11所示。

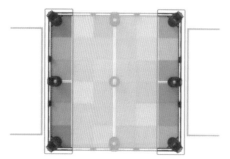

图5.10　场地中的本方区域

图5.11　机器人摆放说明

5. 自动比赛时段

比赛过程的前15秒为自动赛时段，这个时段内机器人不能接触自动时段分界线、对方联队的场地泡沫垫和球，更不能接触对方联队区域内的目标框（如图5.12所示）。

注意： 自动时段分界线上的3个目标框不属于任何一方联队，可在自动赛时段被双方联队使用。自动时段分界线的球也不属于对方区域。

竞赛中，所有的球只能用于比赛，机器人不能用其机械装置控制球来进行违规操作。如果在竞赛中，某方偶尔违反以上规定，但未影响到对方联队，会被给予警告。如果影响到对方联队自动运行的轨迹，将给予对方联队自动时段奖励分。而某方实施蓄意的、策略性的或极端的违规行为，将被取消比赛资格。

另外，如果在自动赛时段能在本方区域完成Connected Row，则还会额外获得1分，如图5.13所示。

自动时段分界线

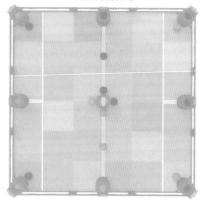

图5.12　自动时段分界线

图5.13　自动比赛时段奖励加1分

6. 比赛过程中的注意事项

（1）已得分的球不能从目标框的顶部取出，只能从目标框的底端取出，如图5.14所示。

（2）场地内的球符合下列任一条件，则该球将会被视为持有。

① 机器人携带或夹持球移动。

图5.15所示的推拨球不被视为持有，不过如果使用机器人上凹陷的部分来移动球，则可以视为持有。

图5.14　只能从目标框底端取出球

图5.15　未持有的情况

② 阻止对方机器人接近球。

只有当对方机器人试图近距离接触某个球时，才会认定阻止接近的某个球为本方持有。

（3）持有限制

机器人瞬时持有对方联队颜色的球的数量不能多于3。违反此规则的机器人须停止所有动作，除了试图移除多余球的动作。

但是在规则中并未规定双方可同时持有球的数量。

（4）保持球在场地内

① 赛队不能蓄意地将球移出场地。

② 在试图得分时，球可能会偶尔离开场地，蓄意或反复地出现此行为会被视为违反规则。比赛过程中，球离开场地后，裁判会在空闲并且安全的时候，将球放回场地。

（5）结束瞬间特例

在赛局结束时，如果机器人正在从已有3个球的目标框底部取出球，那么可能会导致顶部的球超出目标框的上边缘，如图5.16所示，此时最上面的球仍被视为得分项，该机器人所属的赛队也不会受惩罚。

图5.16　顶部的球超出目标框的上边缘

5.2　Tipping Point规则解读

1. 场地介绍

Tipping Point竞赛中文名为"一触即发"，竞赛场地依然是365.76cm x 365.76cm的正方形场地，不过场地的要素有所变化，如图5.17所示。两支联队（红队和蓝队）各由两支赛队组成（每个赛队包含一个机器人），场地内除了机器人，还包含如下要素。

- 72个曲环。曲环的外观是一个拱形的圆环，如图5.18所示，最大外径为4.125in（约104.8mm），最小内径为2in（50.8mm）。其中12个曲环为初始预装，双方联队各6个；18个曲环为赛局导入物，可在比赛中被手动添加到机器人上，双方联队各9个；42个曲环在场地上，位置如图5.17所示。

- 4个联队环塔。双方联队各2个。联队环塔由环塔底座和一根环塔干组成，重量约1520g，见图5.19中红色和蓝色底座的环塔。环塔底座是直径为13in（330.2mm）的7面塑料碗状物，环塔干是直径为0.84in（约21.3mm）的灰色PVC管。在比赛开始时，联队各有一个环塔放在一条斜向的白色胶带线上，这条白色胶带被称为AWP线，如图5.20所示。

- 3个中立环塔，中立环塔的底座的颜色为黄色，放置在场地中间。与联队环塔不同，中立环塔在环塔干上还有环塔枝，环塔枝也是直径为0.84in（约21.3mm）的灰色PVC管。3个中立环塔分为二枝环塔（2个）和四枝环塔（1个）两种，其中，二枝环塔重约1560g，四枝环塔重约1810g。

- 2个平衡桥，双方联队各1个。平衡桥是一个安装在两个铰链上的"平板"，如图5.21所示，这个"平板"由尺寸为53in×20.1in（1346.2 mm × 510.64 mm）的聚碳酸酯结构和一圈PVC管构成（PVC管分为蓝色PVC管和红色PVC管），平衡板平衡时离地9.5in（241.3 mm）高，而在比赛时，其能够从两个方向向场地倾斜。

图5.17　"一触即发"竞赛场地图

图5.18　曲环

图5.19　环塔

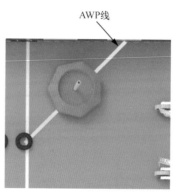

图5.20　AWP线

图 5.21　平衡桥

场地两边为两个联队各自的本方区，如图 5.22 所示。而中间区域为中立区，如图 5.23 所示。

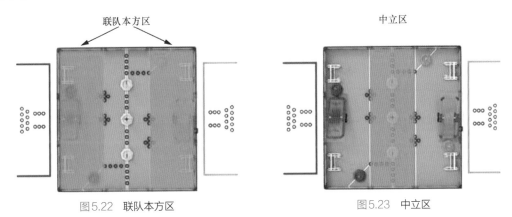

图 5.22　联队本方区　　　　　　　　　　图 5.23　中立区

2. 得分方法

竞赛中，机器人的目标是通过曲环得分，将曲环放在最高的环塔枝上得 10 分，放在其他的环塔枝上得 3 分，而放在环塔内得 1 分，得分情况如图 5.24 所示。

另外，可以将环塔移到联队本方区，并在赛局结束时在平衡桥上将机器人或环塔抬高，以获得更多的得分。

时间上，"一触即发"比赛过程同样包含前 15 秒的自动赛时段和后 1 分 45 秒的手动控制时段，自动赛时段结束时，任意联队将 AWP 线上的环塔从 AWP 线上移开（也不在中立区），且联队两个环塔均有至少有一个曲环得分，将获得自动获胜分，如图 5.25 所示。如果联队在自动赛时段胜出，则会再得到 6 分奖励。自动赛时段双方平局时，各获得 3 分奖励。

3. 得分判定

在"一触即发"竞赛中，得分的判定规则如下。

（1）平衡板平衡

如在赛局结束时，满足下列所有要求的平衡桥被视为平衡。

- 平衡桥大致与场地平行。

- 平衡桥铰链的两个平面接触平衡桥底座。
- 机器人或得分道具接触其联队本方区内的平衡桥，同时不接触其他任何场地要素，如场地泡沫垫或场地围栏。

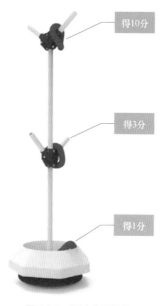

得10分

得3分

得1分

图5.24　通过曲环得分

图5.25　将AWP线上的环塔从AWP线上移开

图5.26和图5.27所示为两种不平衡的状态。

图5.26　不平衡状态，因为平衡桥没有被水平摆放，
且一台机器人接触着一个未抬高的环塔

图5.27　不平衡状态，一台机器人接触了场地围栏

说明1：所有机器人、场地要素、得分道具，包括平衡桥停止移动后，赛局才结束。

说明2：赛局结束时，如一个平衡桥被对方联队机器人接触，则此平衡桥自动被视为平衡，不再考虑上述要求。

（2）机器人或环塔抬高

如在赛局结束时，机器人或环塔满足如下所有要求，则此机器人或环塔被视为抬高。

- 机器人或环塔接触其联队平衡桥。

- 此平衡桥满足平衡的定义。
- 机器人或环塔不接触任何场地要素，如场地泡沫垫或场地围栏。

说明 1：被一台抬高的机器人持有的任意环塔也被视为抬高。

说明 2：如图 5.28 所示，环塔在场地内，机器人在平衡桥上，机器人与环塔接触，此时机器人将不被判定为抬高。

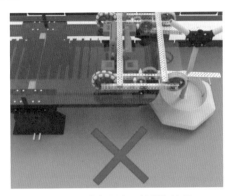

图 5.28　此机器人不被视为抬高

（3）环塔得分

- 联队本方环塔以及中立环塔在本方区内各记 20 分。
- 联队机器人在本方平衡板上且被抬高记 30 分。
- 联队本方环塔以及中立环塔在本方平衡板上且被抬高记 40 分。

4. 比赛开始前阶段

赛局开始时，每台机器人不得超出 18in（457.2mm）长、18in（457.2mm）宽、18in（457.2mm）高的立体空间。比赛开始后，机器人可以伸展，突破这个尺寸的限制。

机器人在场地中的摆放的位置要求如下。

（1）除预装以外，不接触任何得分道具。

（2）不接触其他机器人。

（3）不接触平衡桥。

（4）预装不超过 3 个。

（5）仅 1 台机器人可预装。

（6）所有预装须完全在场地围栏内。

（7）如果机器人未上场，所有预装不得放置在任何会被记分的位置。

（8）如果赛队不想在赛局开始时预装 3 个，那么可以在赛局中的任一时刻将未预装的机器人作为赛局导入曲环。

5. 比赛过程中的注意事项

（1）如果一台机器人在其联队本方区内两个场地角落的任意一角持有一个环塔，即被视为有囤积行为，机器人每次不能囤积超过1个环塔。

（2）平衡桥仅供机器人使用，严禁人员踩踏。禁止在任何时候、任何区域踩踏平衡桥，包括练习区或准备区。

（3）自动赛时段，机器人不能进入对方区域，如果进入中立区则对应联队自行承担风险。

（4）如果一台机器人将对方机器人限制在场上的狭小区域内，没有逃脱的路径，就被视为有围困行为。可以是直接围困（例如将对方蓄意阻拦在场地围栏）或间接围困（例如，阻止机器人从场地的角落逃走），但围困时间不能超过5s。

说明： 若某个机器人未试图逃脱，则认定该机器人未被围困。

附录一

Change Up 组装步骤

第1部分
PART ONE

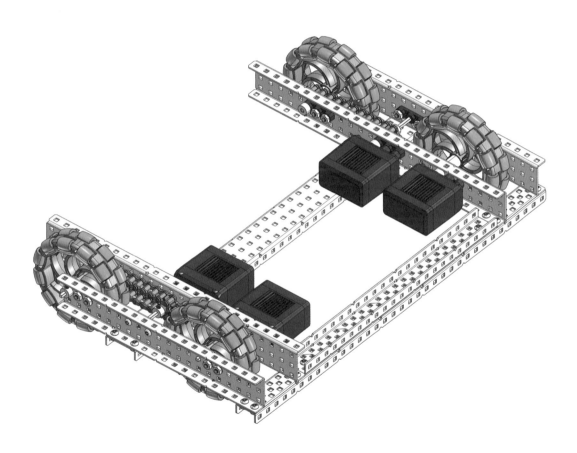

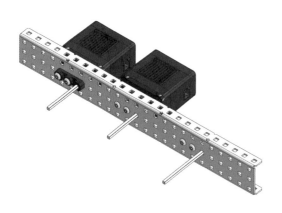

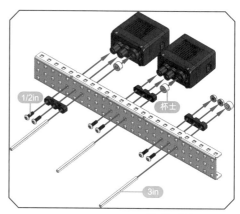

注：1in=25.4mm

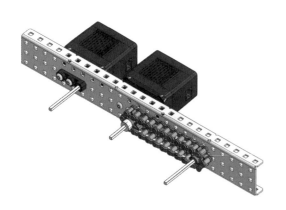

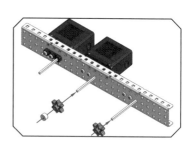

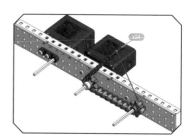

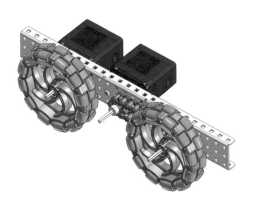

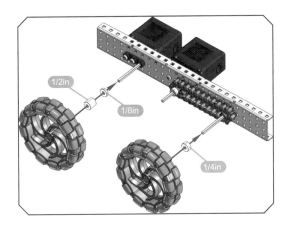

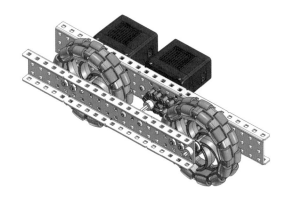

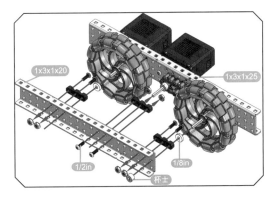

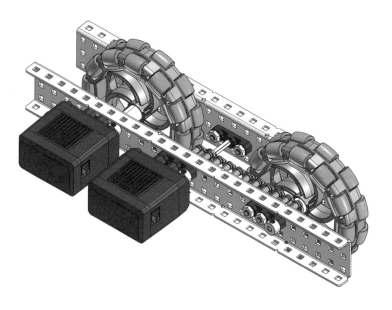

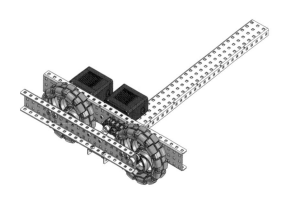

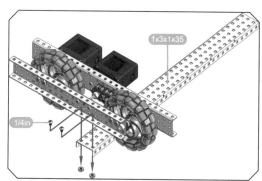

7 1/4in ×1 ×1

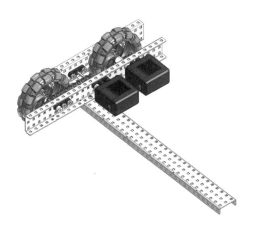

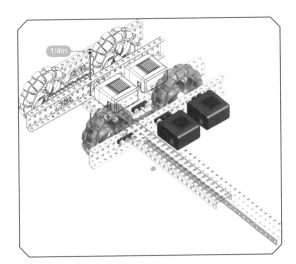

1/4in

8 无机米螺丝 1/4in 1/2in 1.5in ×2 ×2 ×2 ×2

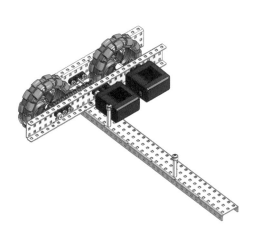

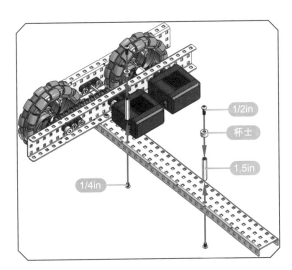

1/2in

杯士

1.5in

1/4in

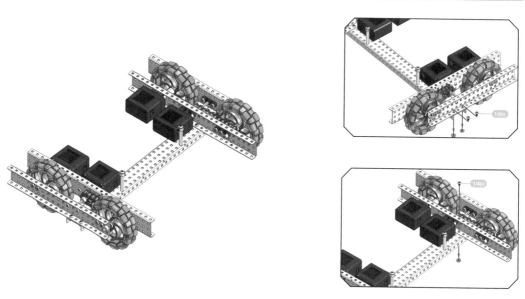

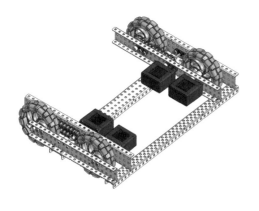

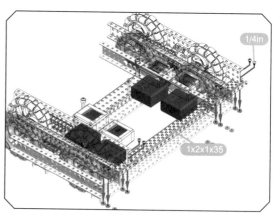

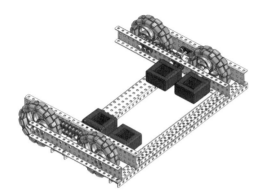

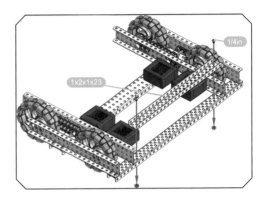

第2部分
PART TWO

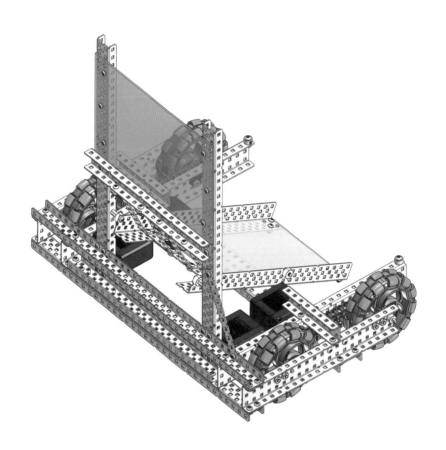

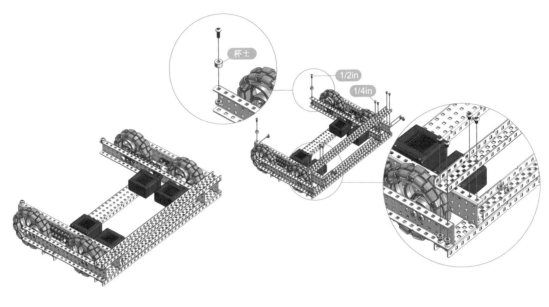

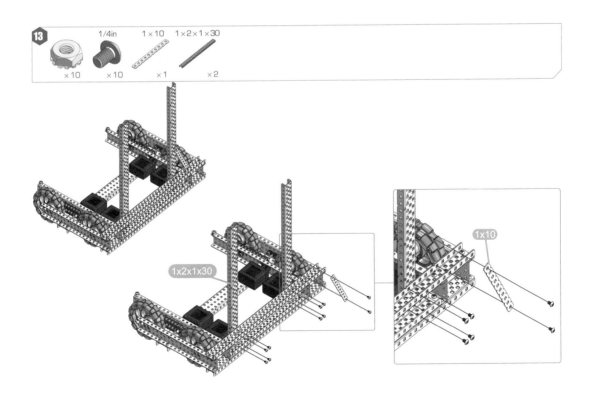

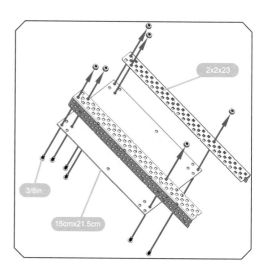

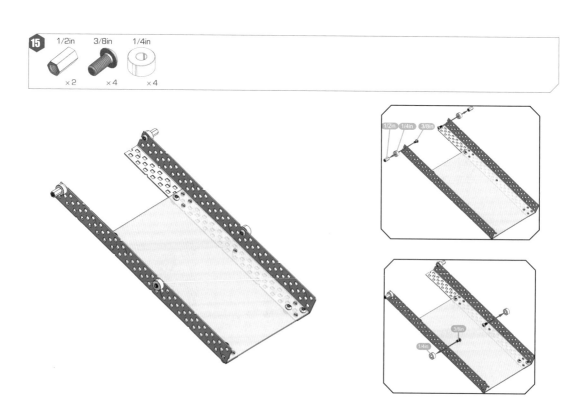

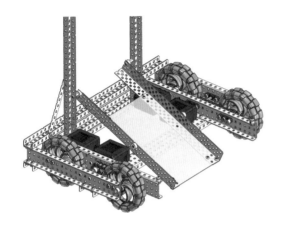

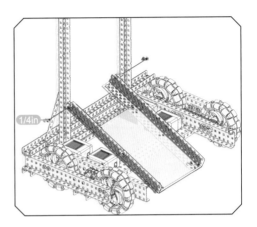

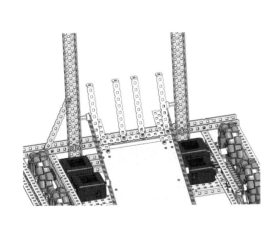

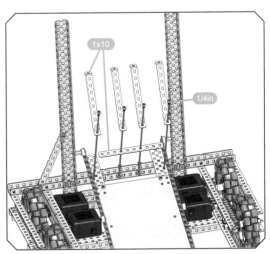

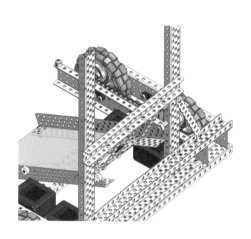

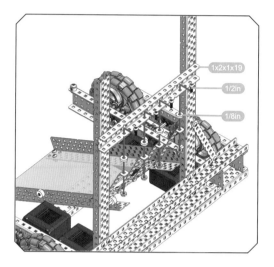

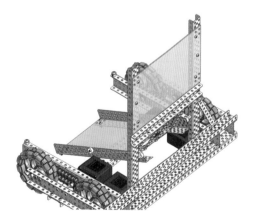

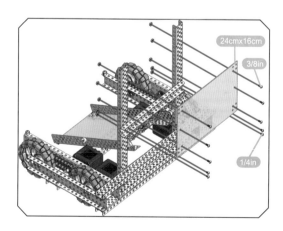

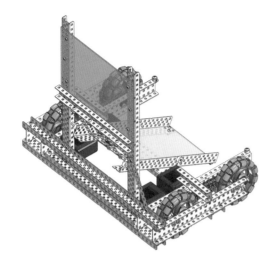

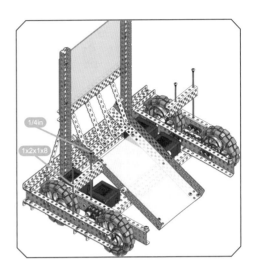

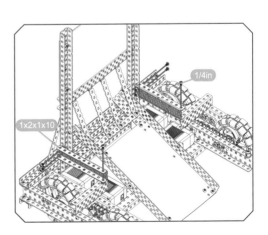

第３部分
PART THREE

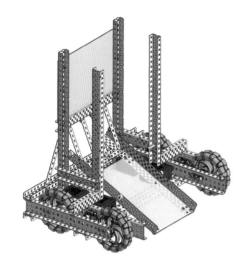

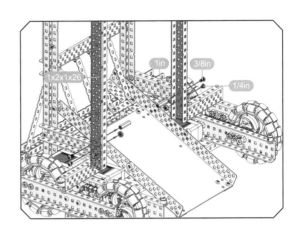

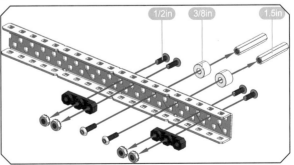

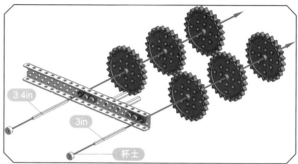

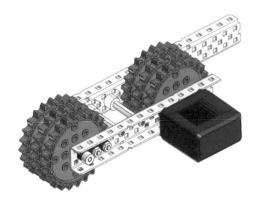

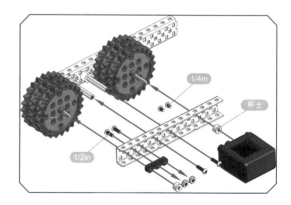

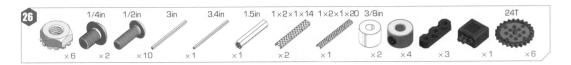

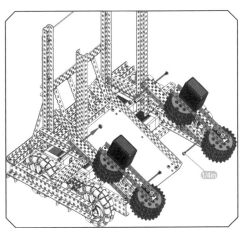

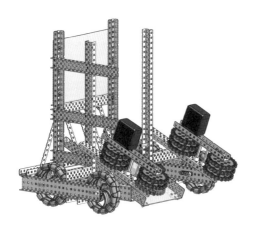

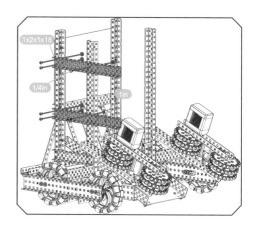

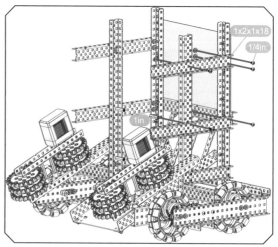

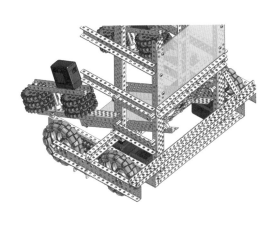

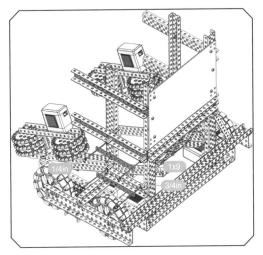

第4部分
PART FORU

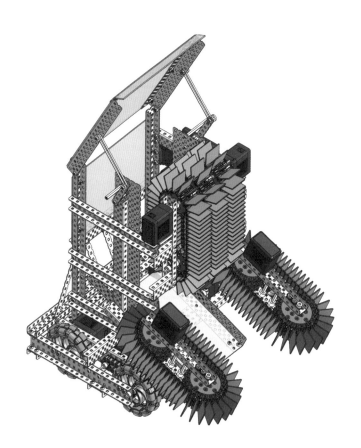

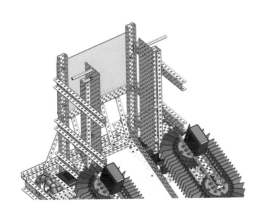

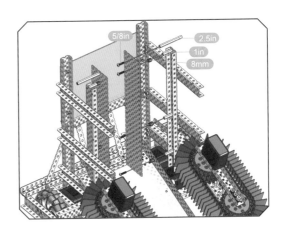

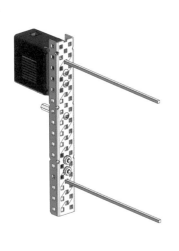

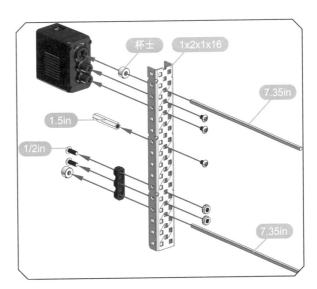

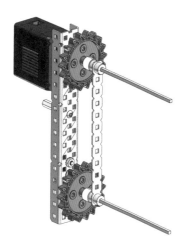

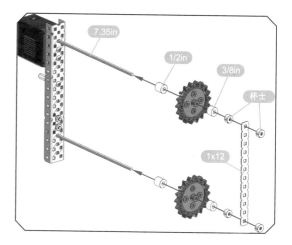

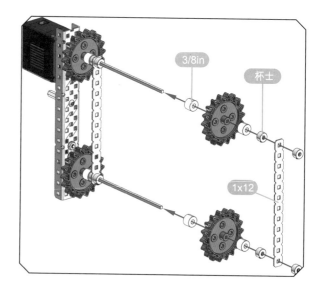

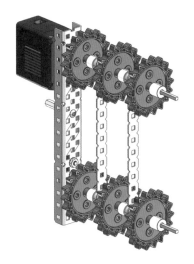

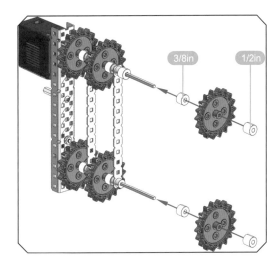

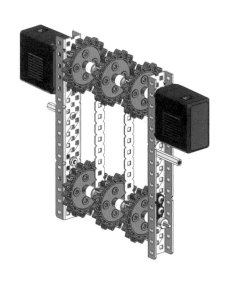

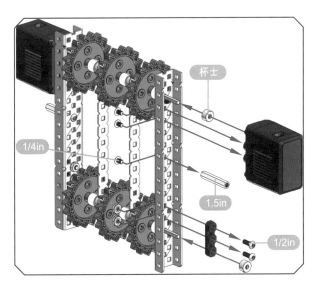

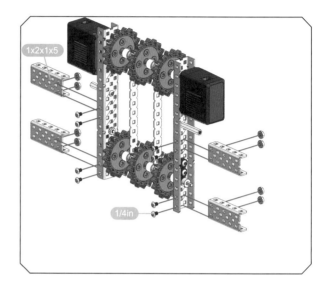

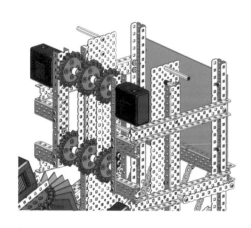

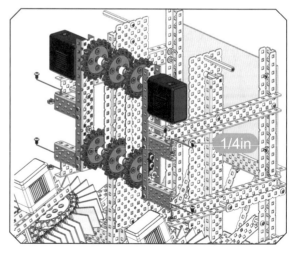

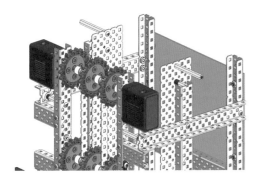

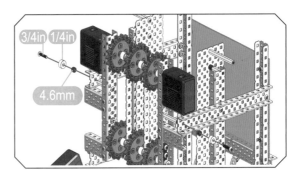

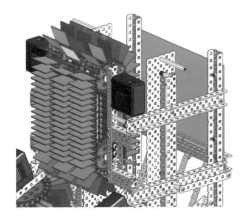

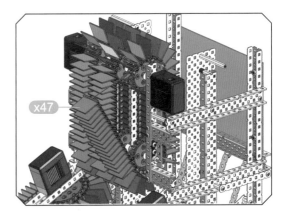

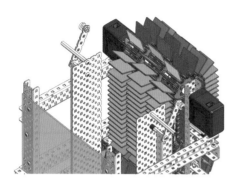

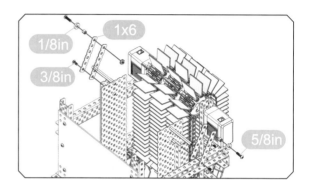

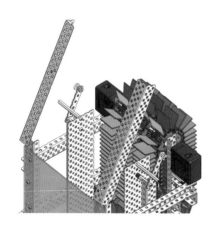

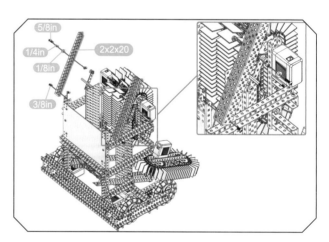

44　3/8in　24cm × 28cm

×6　×6　×1

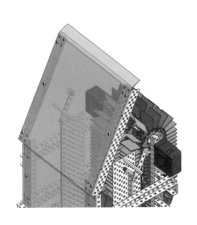

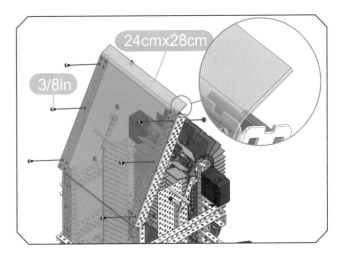

24cmx28cm

3/8in

45

×2

橡皮筋

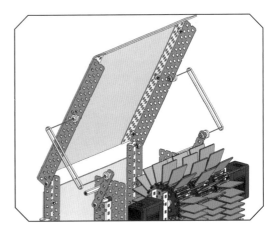

46 3/8in

×4   ×1

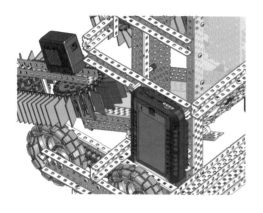

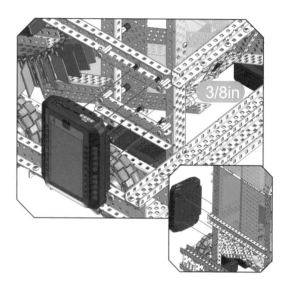

3/8in

47 3/8in

×4   ×4   ×2   ×1

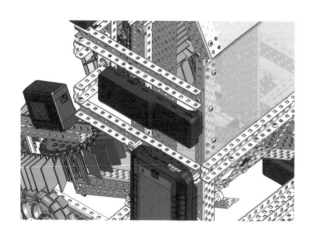

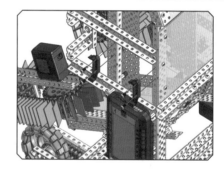

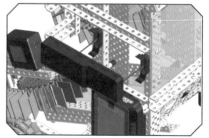

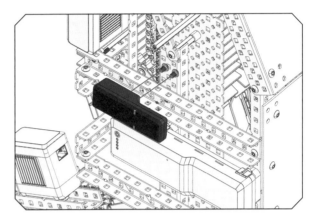

CHANGE UP
作品图

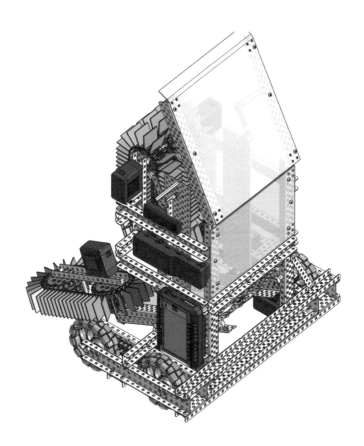

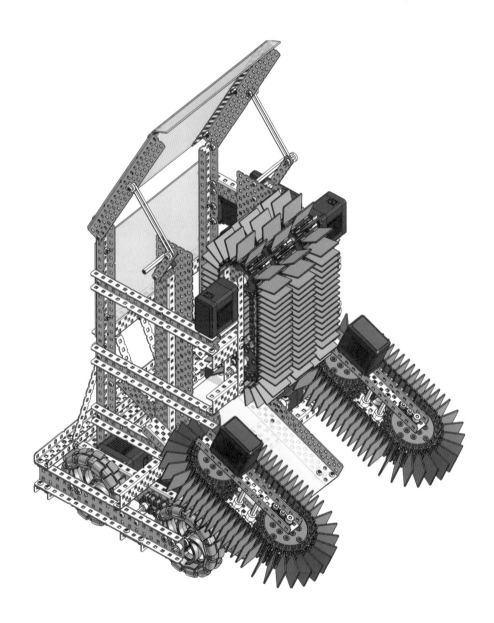

投球展示

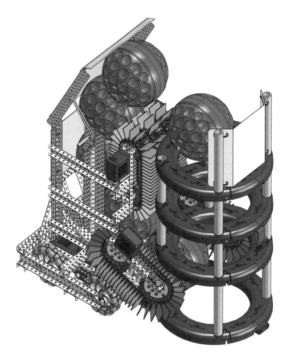

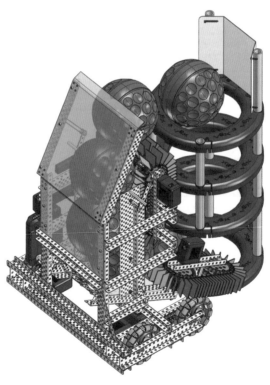

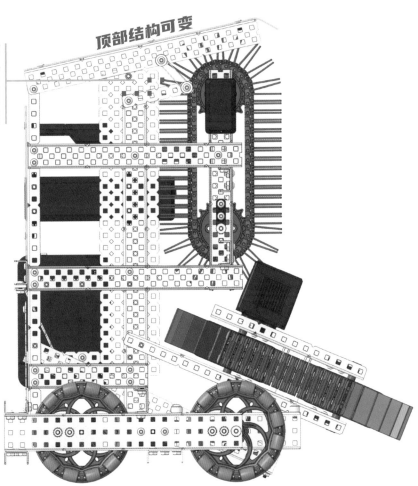

此螺母柱可去掉或调换到几个红色的孔位处，以得到最佳效果

顶部结构可变

PVC 板尺寸

可将 PVC 板换成网布，以减轻整机重量

150mm × 215mm

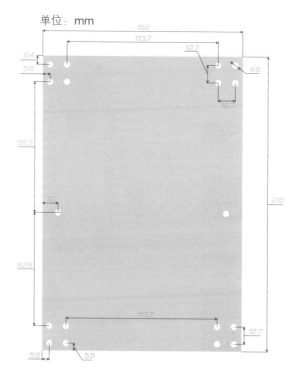

160mm × 240mm

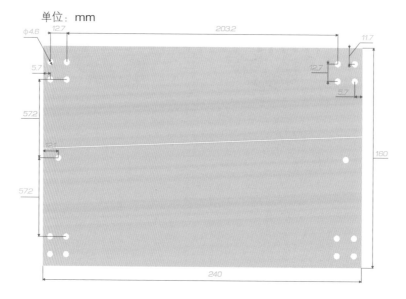

240mm×280mm

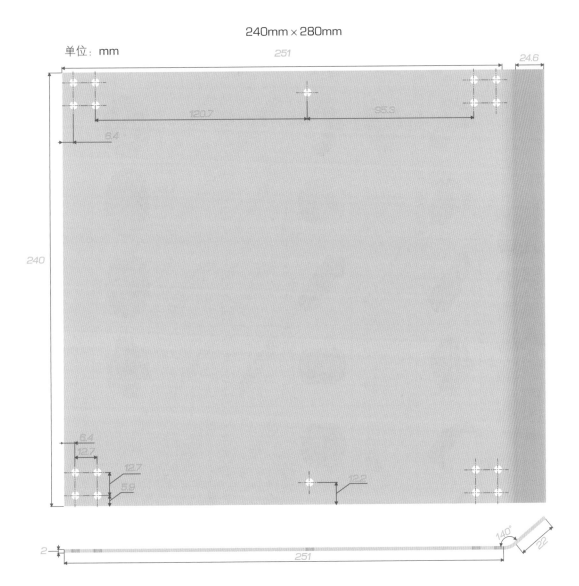

零件列表

8-32 5/8in×20	1/8in×14	×241	1×2×1×26 ×2	1×12 ×2	150mm×215mm ×1
8-32 1/2in×48	×2	×241	1×2×1×23 ×1	1×10 ×4	×1
8-32 3/8in×38	×141	×48	1×2×1×20 ×2	1×10 ×2	4in×4
8-32 1/4in×103	2.5in×2	×35	1×2×1×19 ×1	1×9 ×2	×12
×1	1.5in×8	×20	1×2×1×18 ×4	1×6 ×4	×6
×1	1in×6	8mm×6	1×2×1×16 ×2	1×3×1×35 ×1	×4
×1	3/4in×4	4.6mm×2	1×2×1×14 ×2	1×3×1×25 ×2	7.35in×2
×1	1/2in×2	1/2in×6	1×2×1×10 ×2	1×3×1×20 ×2	3.4in×2
×1	1/4in×4	3/8in×13	1×2×1×8 ×2	1×2×1×35 ×2	3in×8 / 240mm×280mm ×1 / 240mm×240mm ×1
8-32 3/4in×2	1/4in×8	1×2×1×5 ×4	1×2×1×33 ×2	5×25 ×2	160mm×240mm ×1

编号	名称	数量	备注
275-1002	螺丝_8-32_X_1/4in	103	#8-32 x 1/4in screw
275-1003	螺丝_8-32_X_3/8in	38	#8-32 x 3/8in screw
275-1004	螺丝_8-32_X_1/2in	48	#8-32 x 1/2in screw
275-1005	螺丝_8-32_X_5/8in	20	#8-32 x 5/8in screw
275-1006	螺丝_8-32_X_3/4in	2	#8-32 x 3/4in screw
275-1013	螺母柱_1/4in	4	1/4in standoff
275-1014	螺母柱_1/2in	2	1/2in standoff
275-1015	螺母柱_3/4in	4	3/4in standoff
275-1016	螺母柱_1in	6	1in standoff
275-1017	螺母柱_1.5in	8	1.5in standoff
275-1019	螺母柱_2.5in	2	2.5in standoff
275-1026	螺母-带爪_8-32	141	_8-32_Keps_Nut
275-1027	螺母-防松_8-32	2	8-32 nylock nut
275-1066-001	塑胶垫圈-1/8in	14	1/8in Nylon Spacer
275-1066-002	塑胶垫圈-1/4in	8	1/4in Nylon Spacer
275-1066-003	塑胶垫圈-3/8in	13	3/8in Nylon Spacer
275-1066-004	塑胶垫圈-1/2in	6	1/2in Nylon Spacer
276-2018	塑胶轴套-4.6mm	2	4.6mm Plastic_Spacer
276-2019	塑胶轴套-8mm	6	8mm Plastic_Spacer
276-1209	轴承片	20	Flat Bearing
276-2010	杯土	35	Shaft Collar
276-2214-001	加强履带1	241	Conveyor-belt Base Links
276-2214-004	高胶片	241	Tall Conveyor belt Inserts
276-2252-001	加强链条	48	High Strength Chain Links
276-2288	C型钢1X2X1X10-切割	2	1x2x1x25_Aluminum_C-Channel
	C型钢1X2X1X14-切割	2	1x2x1x25_Aluminum_C-Channel
	C型钢1X2X1X16-切割	2	1x2x1x25_Aluminum_C-Channel
	C型钢1X2X1X18-切割	4	1x2x1x25_Aluminum_C-Channel
	C型钢1X2X1X19-切割	1	1x2x1x25_Aluminum_C-Channel
	C型钢1X2X1X20-切割	2	1x2x1x25_Aluminum_C-Channel
	C型钢1X2X1X23-切割	1	1x2x1x25_Aluminum_C-Channel
	C型钢1X2X1X5-切割	4	1x2x1x25_Aluminum_C-Channel
	C型钢1X2X1X8-切割	2	1x2x1x25_Aluminum_C-Channel

编号	名称	数量	备注
276-2289	C型钢1X2X1X26-切割	2	1x2x1x35_Aluminum_C-Channel
	C型钢1X2X1X30-切割	2	1x2x1x35_Aluminum_C-Channel
	C型钢1X2X1X35	2	1x2x1x35_Aluminum_C-Channel
276-4359	C型钢1X3X1X20-切割	2	1x3x1x35_Aluminum_C-Channel
	C型钢1X3X1X25-切割	2	1x3x1x35_Aluminum_C-Channel
	C型钢1X3X1X35	1	1x3x1x35_Aluminum_C-Channel
275-1142	L型角钢2X2X20-切割	2	2x2x25_steel_angle
	L型角钢2X2X23-切割	2	2x2x25_steel_angle
	平面钢条1X10-切割	6	1x25 Steel Bar
275-1141	平面钢条1X10-切割折弯	4	1x25 Steel Bar
	平面钢条1X11-切割	2	1x25 Steel Bar
	平面钢条1X6-切割	4	1x25 Steel Bar
	平面钢条1X9-切割	2	1x25 Steel Bar
275-1140	平面钢板 5X25	2	5x25 Steel Plate
276-2011-002	轴-3in 细轴	8	3in Shaft
276-1149	轴-3.4in 细轴-切割	2	12in Drive Shaft
276-1149	轴-7.35in 细轴-切割	2	12in Drive Shaft
276-3876	链轮-加强-小孔6T	4	6T High Strength Sprocket
276-3878	链轮-加强-小孔18T	6	18T High Strength Sprocket
276-3879	链轮-加强-小孔24T	12	24T High Strength Sprocket
276-3881-002	轮芯-金属-方孔	8	Metal Shaft_Inserts
276-2185	万向轮-4in	4	4in Omni-Directional Wheel
276-4810	V5主控器	1	V5-robot-brain
276-4811	V5电池	1	V5 Robot Battery
276-4831	V5无线模块	1	V5 Robot Radio
276-4840	V5智能电机	8	V5 Smart Motor
276-6020	V5电池夹	2	V5 battery clip
276-2185	4in万向轮	4	4in Omni Directional Wheel
	皮筋	2	
	PVC板_上部	1	240mmx280mm, 可用网布代替
	PVC板_后部	1	160mmx240mm, 可用网布代替
	PVC板_底部	1	150mmx215mm, 可用网布代替

附录二

Tipping Point 组装步骤

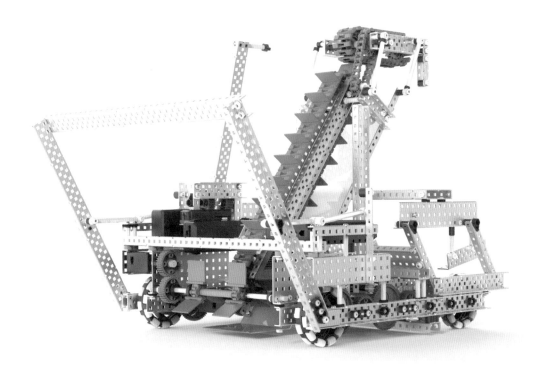

第1部分
PART ONE

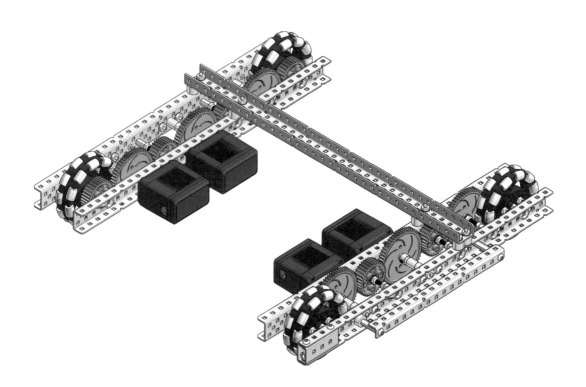

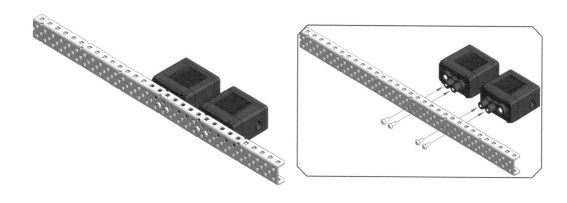

×2

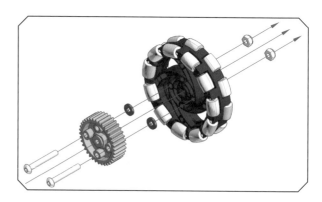

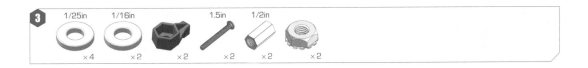

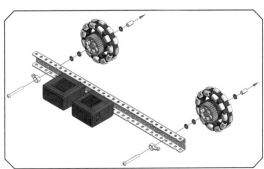

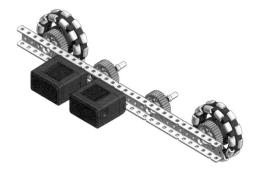

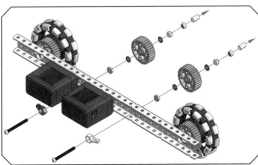

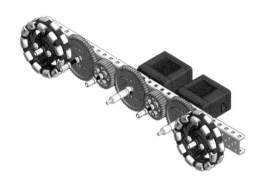

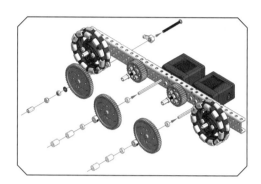

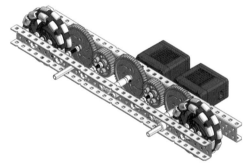

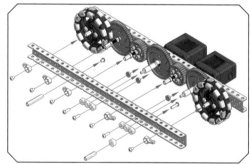

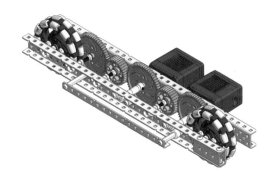

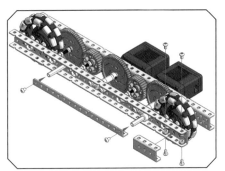

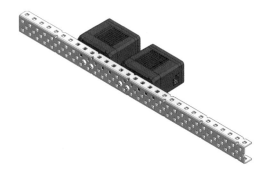

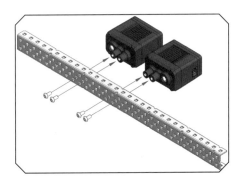

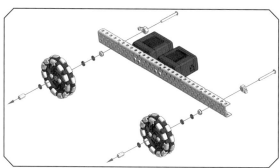

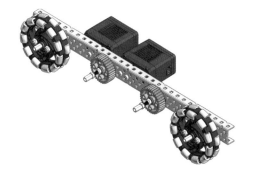

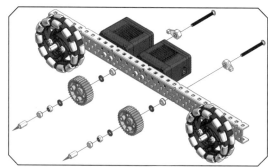

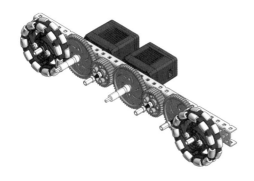

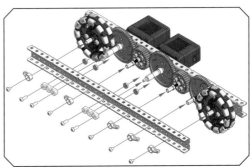

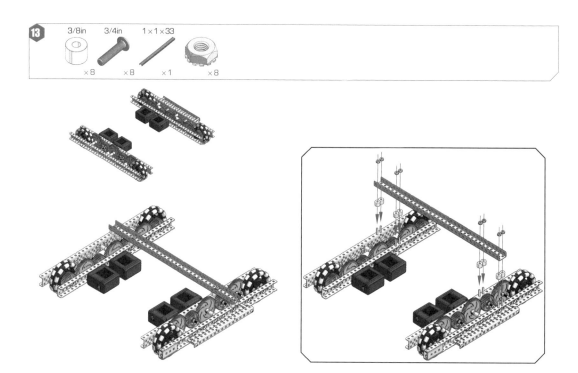

第 2 部分
PART TWO

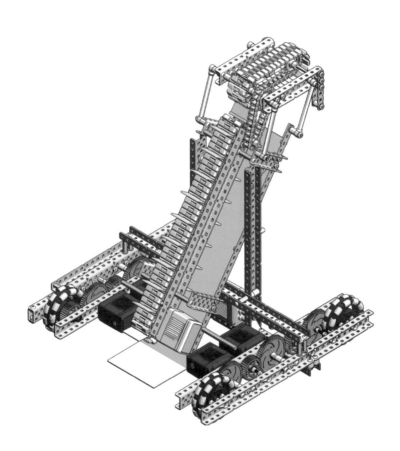

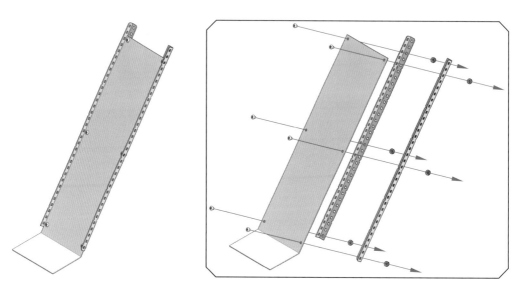

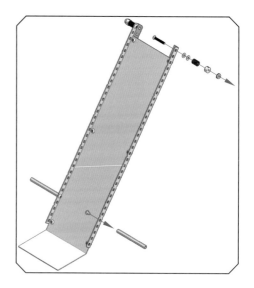

16 | 1/25in | 3/8in | 1/2in | 5/8in | 1×2×1×29 | 1in | 1.5in |
×2 | ×4 | ×5 | ×1 | ×1 | ×1 | ×1 | ×2 | ×2 | ×1

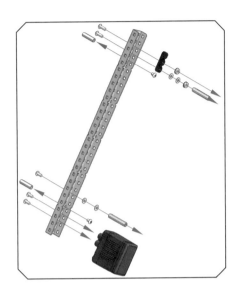

17 | 1/25in | 1/4in | | 6T | 12T | 2.5in | 3.5in |
×2 | ×5 | ×1 | ×1 | ×2 | ×1 | ×1

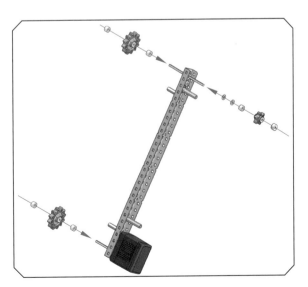

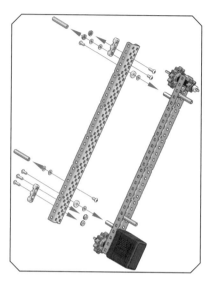

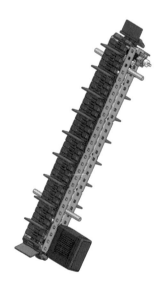

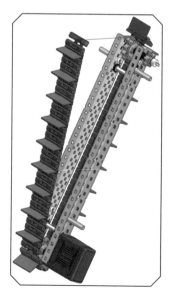

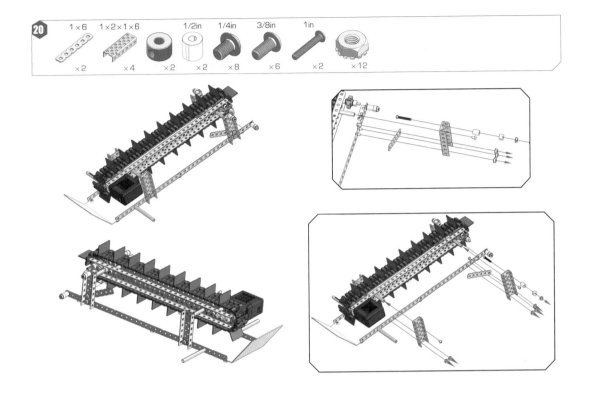

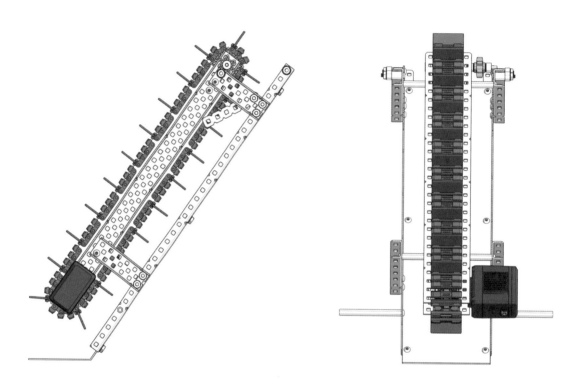

21

1/25in	1/8in	1/4in	1/2in		5.12in	1×2×1×10	1/2in	1/4in	1/2in	5/8in	
×4	×9	×4	×3	×4	×4	×2	×3	×2	×2	×4	×4	×4	×4	×4

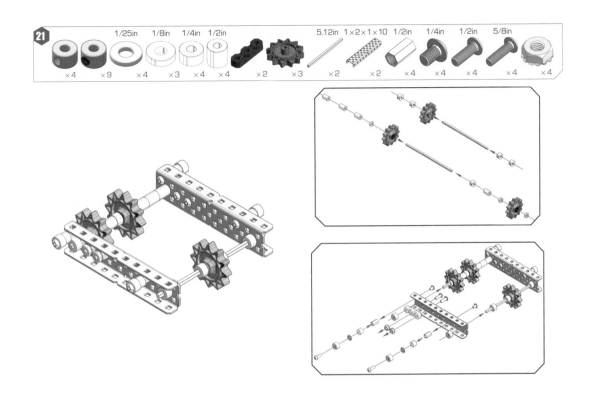

22

3/4in	1/2in	1×1×4	1×6
×8	×8	×8	×2	×2

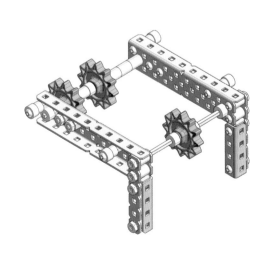

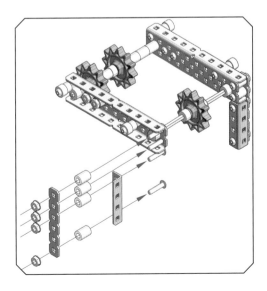

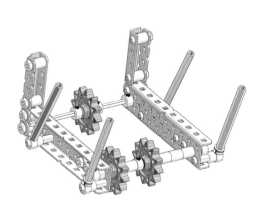

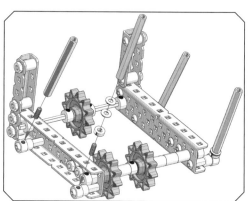

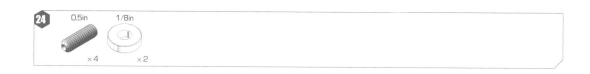

×33

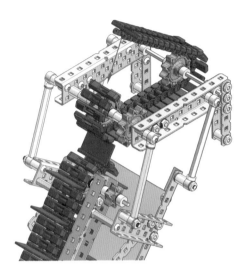

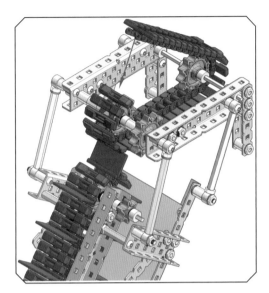

×26

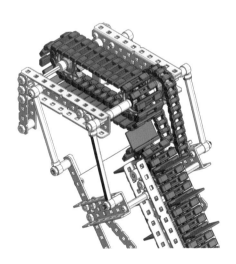

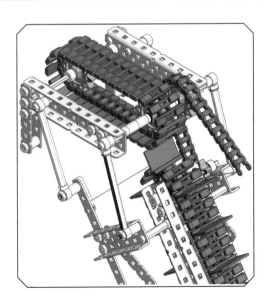

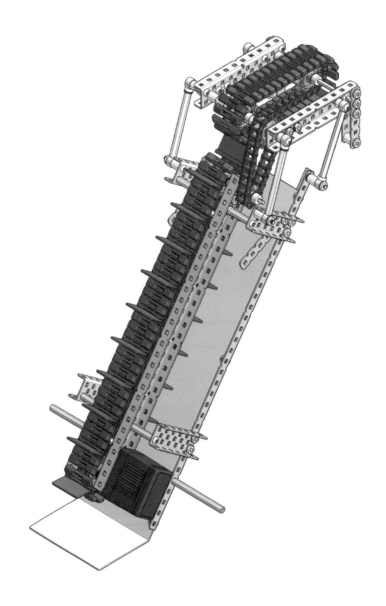

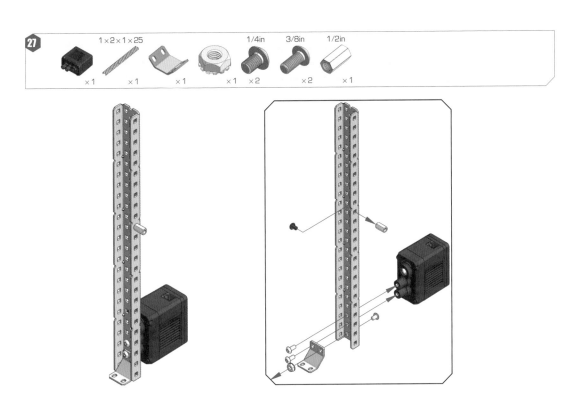

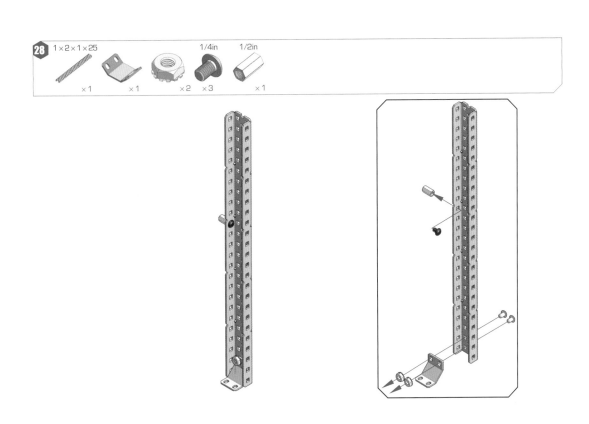

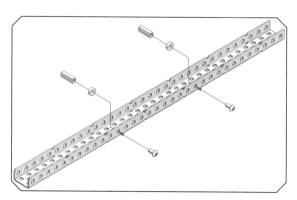

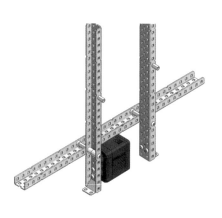

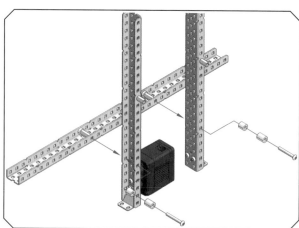

31　1/4in　×4　×4

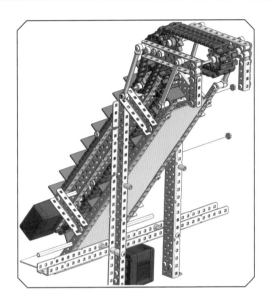

32　1/25in ×8　1/4in ×8　3/8in ×4　1in ×4　×4

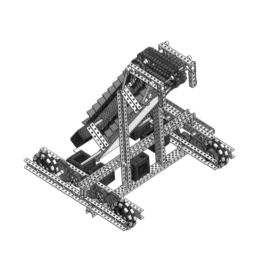

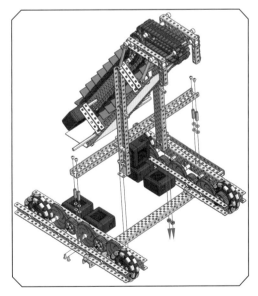

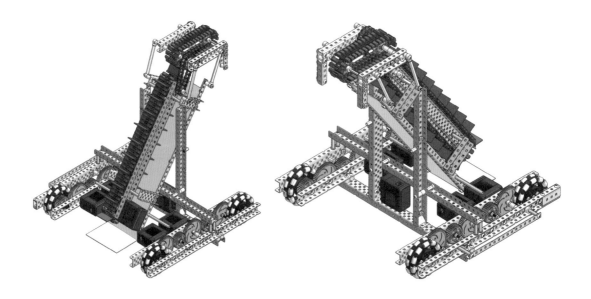

第3部分
PART THREE

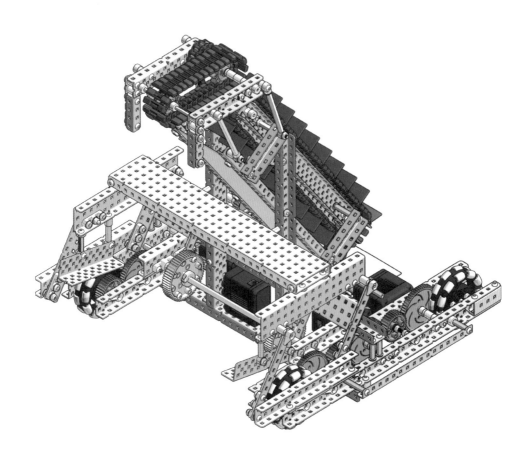

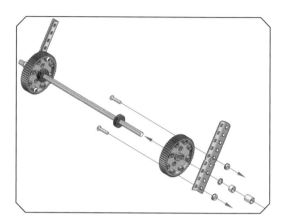

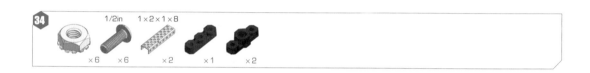

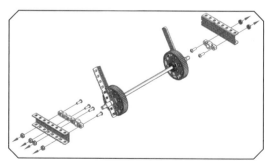

35

1/4in 1/2in 1×1×10

×12 ×8 ×4 ×2 ×2

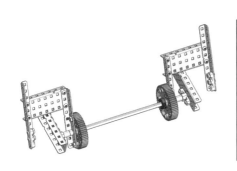

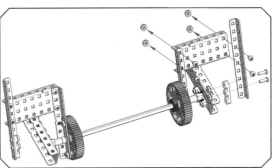

36

1/2in 1.5in 1×3×1×15 1/25in 1/2in

×6 ×2 ×4 ×2 ×2 ×2 ×2 ×2 ×2

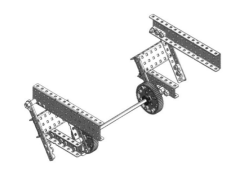

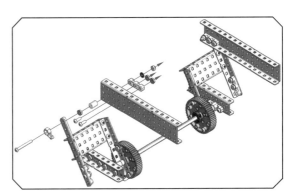

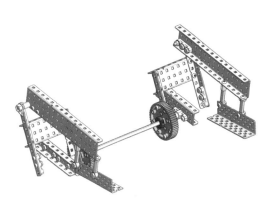

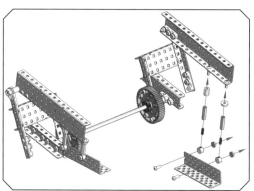

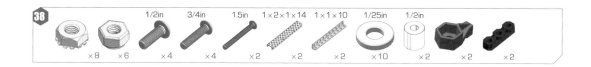

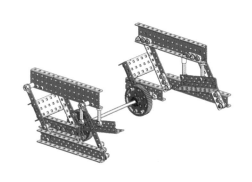

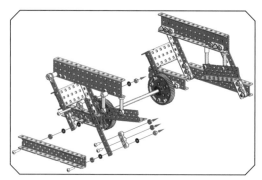

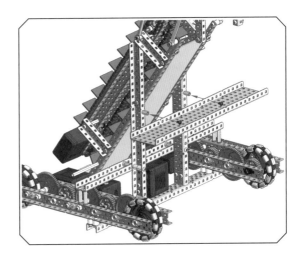

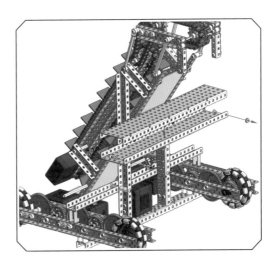

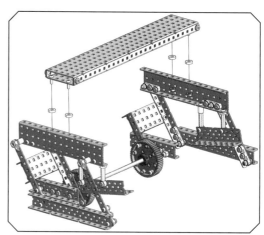

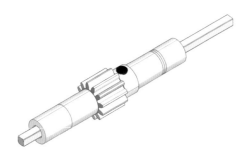

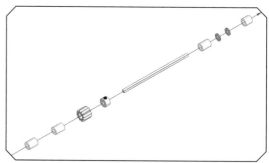

43

×1

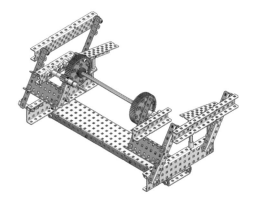

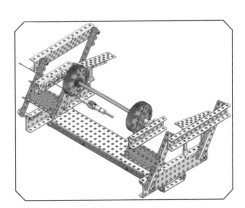

44

×1

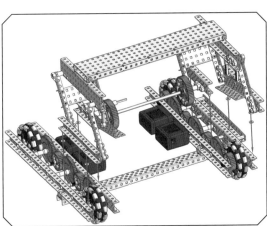

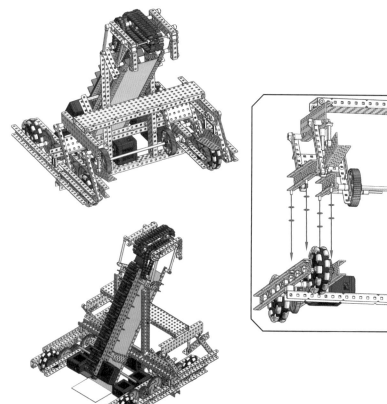

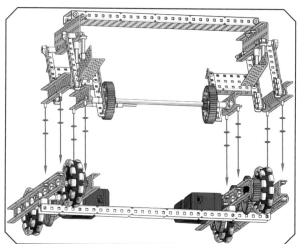

第4部分
PART FOUR

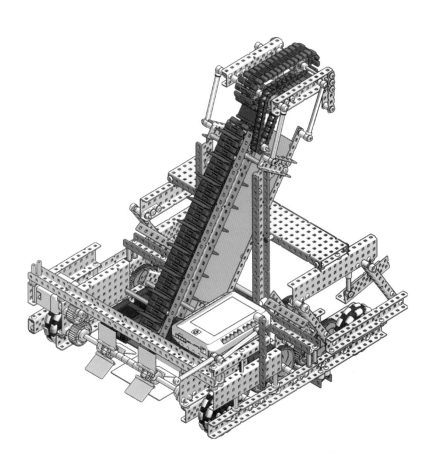

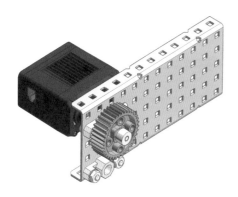

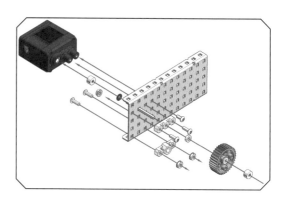

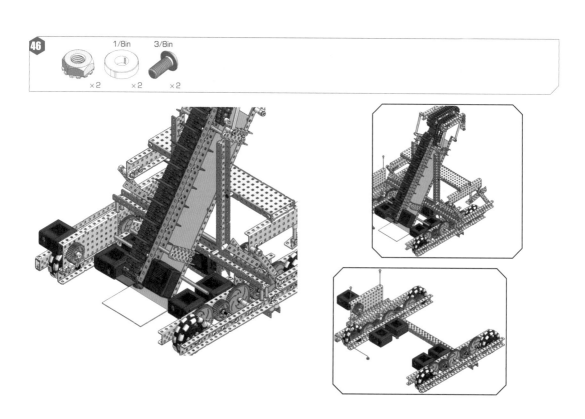

47 1/2in 1×5×1×12 ×2 ×2 ×1 ×1

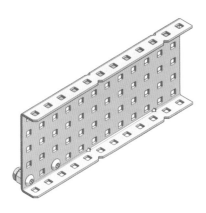

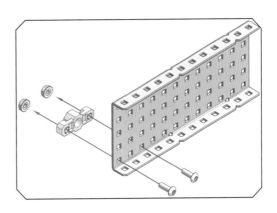

48 1/8in 3/8in ×2 ×2 ×2

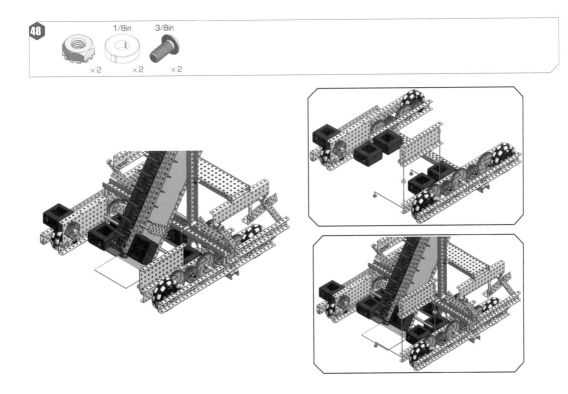

6T

×3　×3　×2　×3

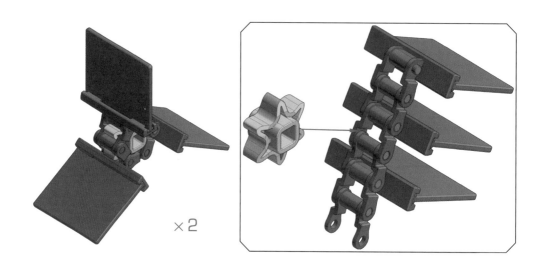

×2

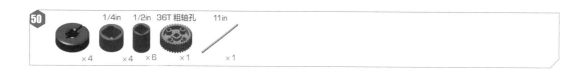

1/4in　1/2in　36T 粗轴孔　11 in

×4　×4　×6　×1　×1

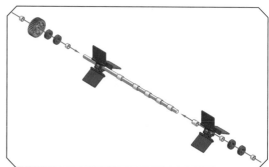

51

×1

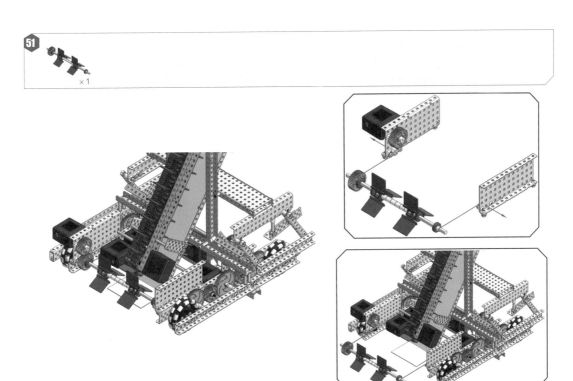

52 | 1/4in | 3/8in | 1in | 1/8in | 1×3×1×12

×4　×4　×4　×4　×2

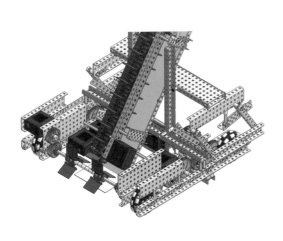

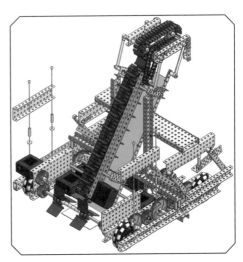

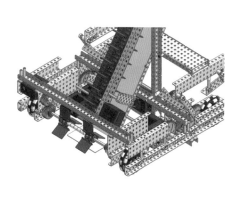

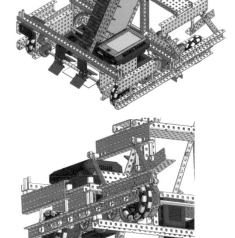

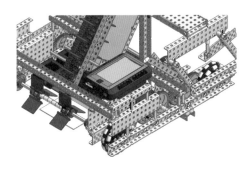

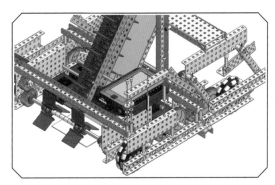

第 5 部分
PART FIVE

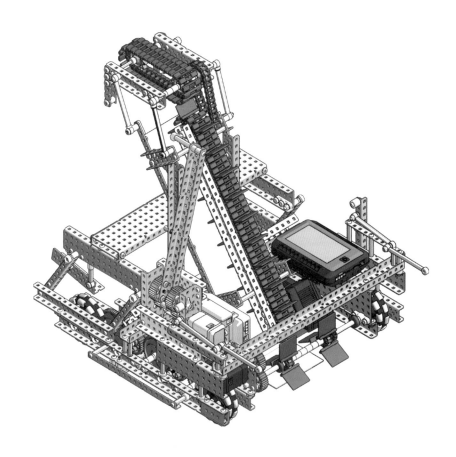

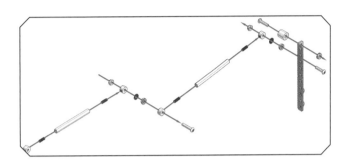

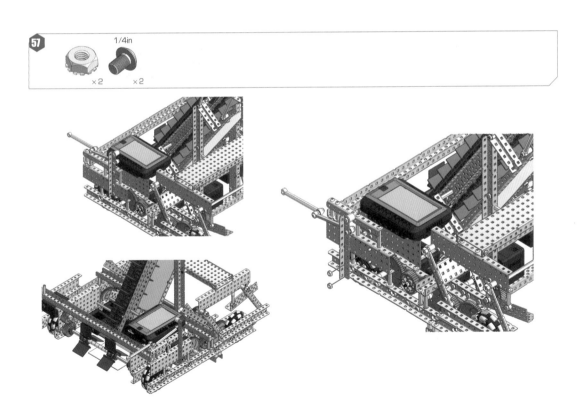

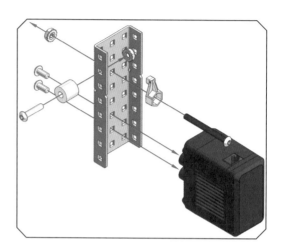

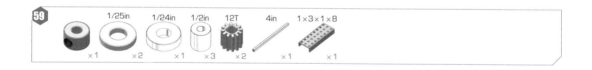

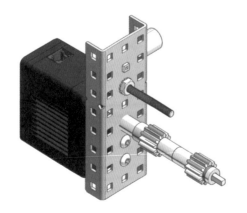

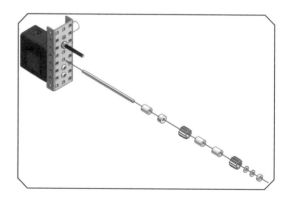

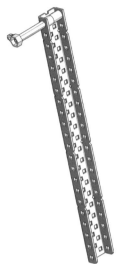

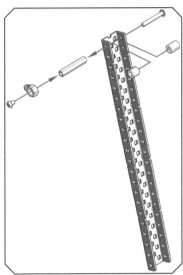

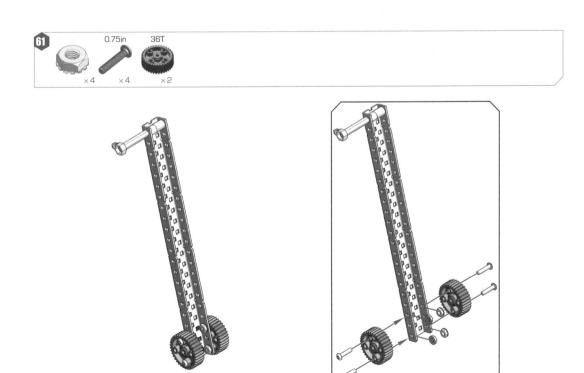

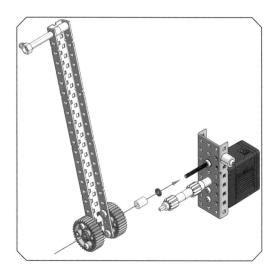

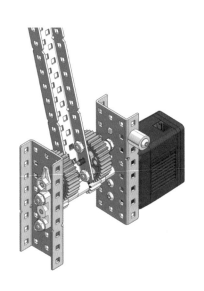

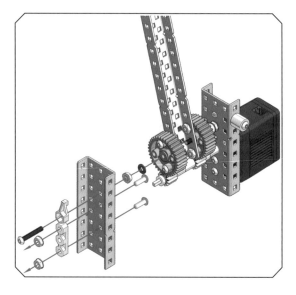

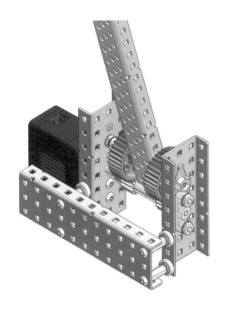

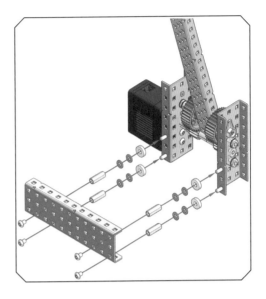

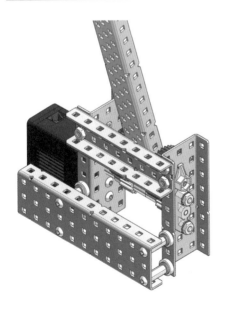

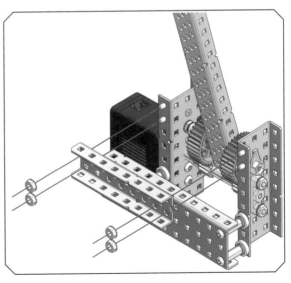

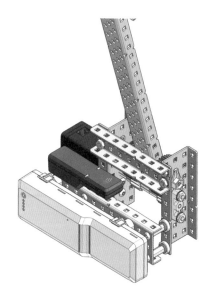

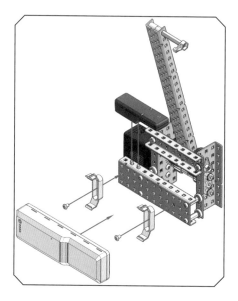

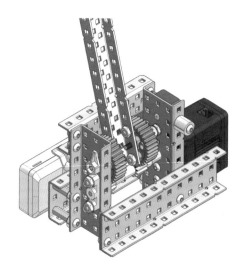

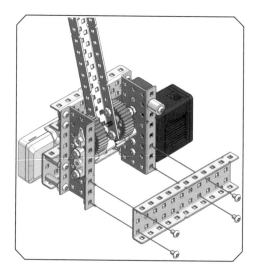

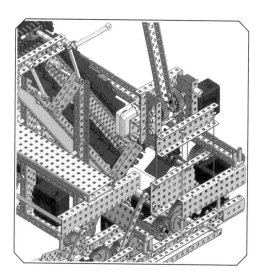

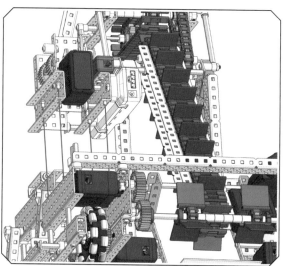

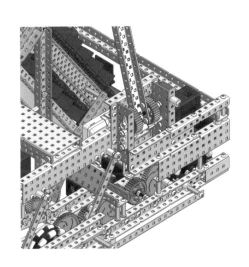

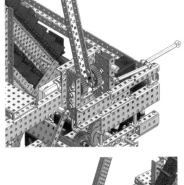

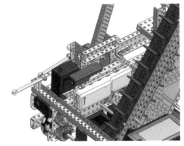

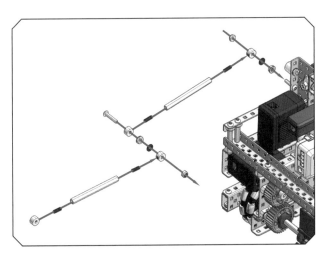

第 6 部分
PART SIX

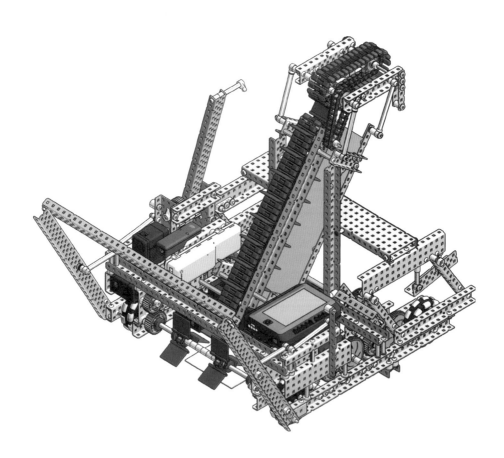

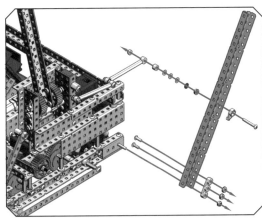

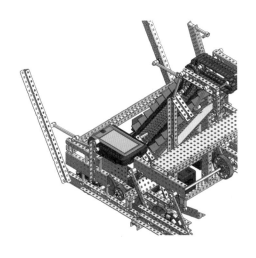

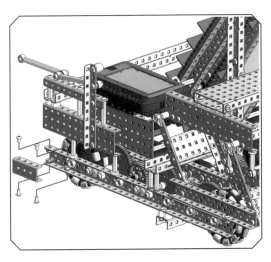

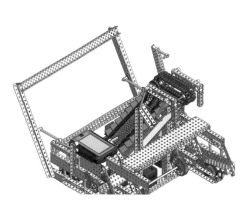

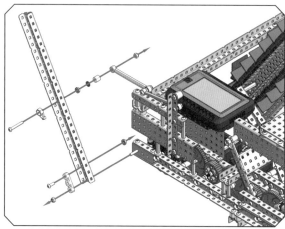

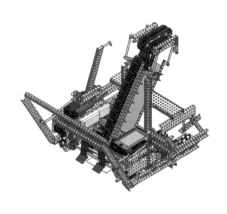

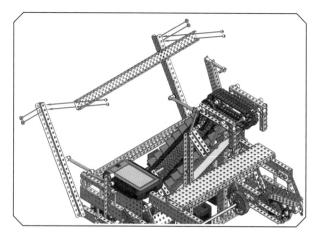

TIPPING POINT
作品图

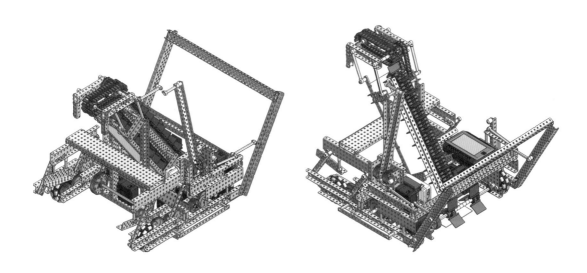

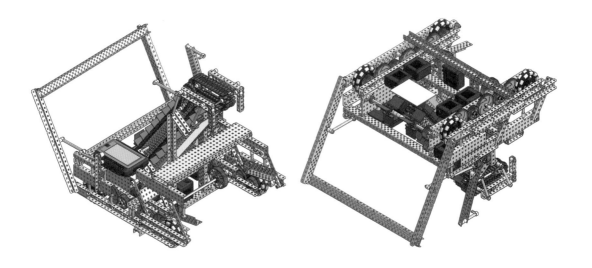

亚克力板尺寸

单位：mm/inch

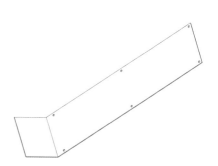

零件列表

8-32 5/8in ×6	×32	1/2in ×6	Drive Shafts 5.12in ×2	×4	1×6 ×4
8-32 1/2in ×64	×178	1/4in ×4	Drive Shafts 4in ×2	×25	12T ×5
8-32 3/8in ×52	×24	3in ×10	Drive Shafts 3.5in ×6	×95	6T ×1
8-32 1/4in ×98	×14	2.5in ×2	Drive Shafts 2in ×1	×25	6T ×2
×1	8-32 1.75in ×6	1.5in ×7	1/2in ×46	×29	60T ×6
×8	8-32 1.5in ×9	1in ×19	3/8in ×13	×4	60T ×3
×2	8-32 1.25in ×15	3/4in ×7	1/4in ×22	×18	36T ×2
×1	8-32 1in ×5	1/2in ×18	1/8in ×40	×29	36T ×4
×1	8-32 0.875in ×2	0.5in ×16	1/16in 12	High Strength Shafts 10.5in ×1	36T ×8
×1	8-32 3/4in ×34	×6	1/25in ×93	Drive Shafts 11in ×1	12T ×3

续表

1×2×1×25 ×4	1×3×1×12 ×2	
1×2×1×22 ×1	1×3×1×11 ×2	
1×2×1×14 ×2	1×3×1×8 ×3	
1×2×1×10 ×2	2×2×8 ×2	
1×2×1×8 ×3	1×3×4 ×1	
1×2×1×6 ×4	1×1×2 ×2	
1×1×33 ×3	1×2×1×35 ×1	PMMA ×1
1×1×10 ×6	1×2×1×33 ×2	1×5×1×27 ×2
1×1×9 ×2	1×2×1×31 ×4	1×5×1×12 ×2
1×1×4 ×2	1×2×1×29 ×2	1×3×1×15 ×2